우리
아이
기초공사

우리 아이 기초공사

단단한 아이로 키우는 9가지 양육의 지혜

@ 정은진

초판 1쇄 발행 | 2020년 05월 12일
초판 2쇄 발행 | 2021년 04월 28일

지은이 | 정은진
발행인 | 강영란
편집 | 강혜미, 권지연
디자인 | 트리니티
마케팅 및 경영지원 | 이진호

펴낸곳 | 샘솟는기쁨
주소 | 서울시 충무로 3가 59-9 예림빌딩 402호
전화 | 대표 (02)517-2045
팩스 | (02)517-5125(주문)
이메일 | atfeel@hanmail.net

홈페이지 | https//blog.naver.com/feelwithcom
페이스북 | https//www.facebook.com/publisherjoy
출판등록 | 2006년 7월 8일

ISBN 979-11-89303-28-0 (03590)

이 도서의 국립중앙도서관 출판예정도서목록(CIP)은
서지정보유통지원시스템 홈페이지(http://seoji.nl.go.kr)와
국가자료종합목록 구축시스템(http://kolis-net.nl.go.kr)에서
이용하실 수 있습니다. (CIP제어번호 : CIP2020016904)

단단한 아이로 키우는 9가지 양육의 지혜

우리
아이
기초공사

정은진 지음

VIVI2

기본으로 돌아가게 하는
지혜를 주는 책

기초 혹은 기본이 중요하다는 말은 백번 강조해도 지나치지 않는 말입니다. 기초는 뿌리와 비슷한 의미입니다. 뿌리가 깊고 단단하게 박혀 있어야 흔들리지 않는다는 말은 수천 년의 지혜입니다.

정은진 소장님이 이 기초를 다질 수 있게 하는 좋은 책을 내 주셨습니다. 부모가 아이에게 선물할 수 있는 수천 가지의 일 중에 기초를 다지는 것만큼 중요한 일은 없습니다.

각 장마다 양육과 발달 과정에서 기초가 되는 좋은 주제들을 쉽고 친절하게 잘 정리해 주셨습니다. 힘들 때마다 우리가 하는 말 중에 'Back to the Basic'이 있습니다. 지금 자녀와 힘든 순간이 있을 때 되돌아보고 싶다면, 이 책을 권합니다. 기초와 뿌리를 다시 생각해 볼 기회를 제공해 줄 것입니다.

김현수 | 정신건강의학과 전문의, 명지병원 정신건강의학과 임상교수, 성장학교 별 교장, 『요즘 아이들 마음고생의 비밀』, 『공부상처』, 『중2병의 비밀』의 저자

어떻게 사랑하고 존중해야 하는지
정확히 보여 주는 책

아이를 사랑한다고 고백하는 부모는 많아도 아이를 존중한다고 고백하는 부모는 흔치 않다. 이 책은 사랑과 존중이 결코 다르지 않다는 것을 여실히 보여 주고 있으면서도 아이를 사랑한다면 어떻게 말하고 행동해야 존중할 수 있는 것인지, 구체적 방법을 곁들여 설명해 주고 있기에 무척 가치가 있다.

많은 대화 훈련을 통해 확인한 결과, 존중받은 아이들은 부모가 많은 실수와 취약성을 지녔음에도 불구하고, 자신을 사랑한다고 확신하며 담담히 고백한다. 저자가 매우 정확히 그 점을 책에 담을 수 있는 이유는, 여러 자녀를 키워 가며 자신의 책에 담긴 내용들을 저자의 삶을 통해 살아 내고 있고 자녀들과의 관계에서 보여 내고 있기 때문이다.

말이 아니라 행동으로 보여 내는 것이 진정한 양육이라고 한다면, 바로 그 점이 이 책을 독자들에게 추천하고 싶은 가장 큰 이유이다. 자녀를 사랑하는 마음을, 존중하는 태도로 보여 주고 싶은 부모라면 진정성과 전문성으로 꽉 찬 이 책을 꼭 추천하고 싶다.

박재연 | 리플러스 인간연구소 소장, 『엄마의 말하기 연습』, 『사랑하면 통한다』, 『말이 통해야 일이 통한다』의 저자

기쁨은 두 배로 고통은 의미있게
안내하는 책

자녀라는 존재는 우리의 삶을 사랑으로 풍요롭게 만드는 존재이자, 부모라는 역할을 책임지며 우리를 성장시키는 선물이기도 합니다. 그렇지만 출산의 기쁨과 고통처럼 자녀 양육은 부모에게 기쁨이며 동시에 고통의 순간들을 마주하게도 합니다.

정은진 소장의 『우리 아이 기초공사』는 그 기쁨은 두 배로, 고통은 의미있게 만들어 갈 수 있도록 안내하는 자녀 양육서입니다. 이 책은 많은 부모님께 자녀 양육에 대한 기술이 아닌 양육이라는 큰 산을 마주하며 어떻게 자녀와 함께 성장할 수 있을지 마음과 지혜를 다해 안내해 줍니다.

이 책의 저자 정은진 소장은 이미 많은 청소년과 성인들을 만나며 삶의 소명을 찾도록 안내하는 훌륭한 코치입니다. 이러한 전문성에 네 명의 자녀를 양육하며 얻은 풍성한 경험이 더해져 나온 책이기에 부모님들께 자신 있게 추천합니다.

저자 스스로 인격적인 사랑을 몸소 고민하고 시행하며 얻은 지혜들을 우리에게 전달하고 있어 각 장마다 깊이 생각해 보고 자녀 양육의 의미가 무엇인지, 어떤 의미를 가지고 자녀에게 말과 행동을 해야 하는지에 머물게 합니다.

이 책이 이 시대 자녀들과 부모에게 인격적인 사랑의 양육이 무엇인지 큰 의미를 전달하며 가정에 많은 변화를 가져다 줄 것이라 기대합니다.

최은정 | WithYou 치료교육연구소 대표, 『육아 고민? 기질 육아가 답이다!』 저자

4인 4색 사형제의 엄마,
실제적인 자녀 양육 이야기

정은진 소장님과는 참 오랜 인연이다. 어림잡아 25년 전, 나중에 돈을 벌면 건물을 하나 짓고 1층엔 상담실을 만들어 사람들을 함께 도우면 좋겠다는 철없는(?) 이야기를 나눴었다.

정확히 10년 전, 우리는 제대로 된 홈페이지 하나 없이 홍보 브로서 2천 장을 찍어 내며 '진로와소명연구소'를 시작했다. 당시 소장님은 아이를 등에 업고 아파트 단지를 돌며 브로서를 돌렸다. 참 거침없는 시기였다.

그리고 7년 전, 파주에서 품앗이교육공동체를 함께 시작했다. 의미 있는 우여곡절들을 겪으며 시간은 흘러 연구소는 자리를 잡았고, 아이들은 자랐다.

이렇게 오랜 시간을 지근거리에서 지켜본 저자는 소명이란 키워드를 붙들고 삶의 정수를 연구하는 연구자이자 사람들의 삶에 실제적 변화를 만들어 가는 실천가다. 한결같이 가치를 따라 삶의 방향을 선택하고 길을 내며 달려가는 리더다. 무엇보다 수많은 에피소드와 함께 사형제를 올곧게 키워 내고 있는 현재형 엄마다.

드디어 책이 나온다는 반가운 소식을 들었다. 오래 기다린 만큼 자녀 양육에 관한 실제적이고 깊이 있는 내용이 가득하다. 그럴 줄 알았다. 저자의 경험, 성찰, 인생을 소복하게 담아낸 이 책이 대한민국 부모들의 필독서가 되리라 기대한다.

정강욱 | (전)진로와소명연구소 대표, (주)리얼워크 대표, 『러닝퍼실리테이션-가르치지 말고 배우게 하라』 저자

≫ 차 례 ≪

PART 1

사랑받고 존중하는 아이
자존감을 중심으로

PART 2

긍정적인 아이
감정 다루기를 중심으로

관계를 잘 맺는 아이
공감, 협상, 요청하기를 중심으로

꾸준히 지속하는 아이
열정과 회복탄력성을 중심으로

기다리고 기대할 줄 아는 아이

자기 통제력을 중심으로

내면과 외면이 다르지 않은 아이

도덕성과 영성을 중심으로

아이의 성장을
어떻게 도울 것인가?

"은진아, 네 인생의 전성기는 언제일까?"

30대 중반에 어머니가 물으신다. 딱 들어도 중요한 질문이었다. 아들 넷을 키우면서 결국 지나갈 터널인 줄 알았지만 그때 난 하루하루 깜깜한 굴속을 헤매고 있었다.

"아마 50, 60대가 아닐까요?"

"그렇지. 네 인생의 전성기는 아직 오지 않았어. 아이들은 생각보다 금방 자랄 거다. 지금은 그날을 준비하며 보내면 좋겠다."

그때 나는 발달 심리학의 대가 피아제(Jean Piaget)를 떠올렸다. 세 자녀의 성장 과정을 지켜보면서 아동의 사고는 성인의 사고와는 다르다는 것을 발견한 그는, 그 관찰을 바탕으로 인지 발달 이론을 만들 수 있었다. 순간 나 또한 사형제를 키우면서 자녀 양육의 원리를 발견하고, 적용하면서 연구해 볼 수 있지 않을까 하는 생각이 들었다. 고단한 나의 육아가 커리어로 전환되는 시작점이었다.

그 후 10여 년이 지났다. 4인 4색의 아이들을 키우면서, 또 학부모와 아이들의 고민을 들으면서 축적된 경험들을 첫 책으로 내놓게 되었다. 우리 아이들을 잘 키워 내 쓴 책이 아니라, 어떻게 하면 잘 키울까를 치열하게 고민한 흔적이다.

태어나면서부터 아이는 '쉬운 아이, 어려운 아이, 보통의 아이'로 나눌 수 있는데, 첫아이는 '쉬운 아이'였다. 그다지 문제를 일으키지 않았고, 엄하게 가르치면 행동을 고치는 아이였다. 이 아이만 키웠다면 아이 키우는 게 뭐가 어렵냐며 선무당 사람 잡는 조언을 했으리라. 그런 나를 가르치듯이 둘째와 셋째가 막강하게 '어려운 아이'로 태어나 주었다.

이 책은 둘째와 셋째에게 많이 빚진 책이다. 어떻게 하면 이 아이들을 이해할 수 있을까, 어떻게 하면 이 갈등을 극복할까, 어떻게 하면 인간 만들 수 있을까를 날마다 고민할 수밖에 없었으니 말이다. 막내는 '보통의 아이'인데 형들 덕분인지 그다지 어렵지 않게 키울 수 있었다.

혹 쉬운 아이를 키우는 부모라면 아이에게 과한 짐을 지우는 것은 아닌지를 종종 점검해 보자. 어려운 아이를 키운다면 심심한 위로를 전한다. 내 문제인지, 아이 문제인지, 혹은 다른 무엇이 문제인지 구별하기 참 어려울 것이다. 부디 이 책을 통해 실제적인 팁을 발견하고 문제의 해결 방안을 찾길 바란다.

"어떤 아이가 잘 자란 아이일까요?"

"아버지, 어머니의 자녀 양육 목표는 무엇인가요?"

교육에 관한 독서 모임을 하거나 자녀 양육 세미나를 진행할 때 이렇게 질문을 던지곤 하는데, 생각보다 이 질문에 답하기 어려워하는 분들을 자주 본다. 주로 행복하게 자라고, 자기답게 자라기를 바란다고 이야기한다. 그럼 이렇게 물어본다.

"그 목표가 아이와 관련한 결정에 실제로 영향을 미치나요?"

어떤 학원을 다닐지, 방학을 어떻게 보낼지 등 진짜 결정에 영향을 미치지 못하는 목표라면 '홍익인간' 같이 듣기 좋은 추상적인 목표에 불과하다. 목표가 명확하지 않은 방법론은 방향을 모르는 채 운전하는 것과 같다. 이런 경우 이웃집 엄마의 말이 아무래도 큰 힘을 가지게 마련이고, 막연한 불안감에 휩싸여 '우리 아이의 성적을 어떻게 올릴 수 있을까?'라는 목표에만 집중하게 될 수 있다.

자녀 양육의 목표는 성취와 성장의 두 영역으로 나눌 수 있다. 성취는 잘 드러난다. 수학 문제를 얼마나 잘 풀었는지, 영어 단어를 얼마나 빨리 외웠는지, 어느 수준의 학교에 진학했는지 등은 성취의 영역이다. 키가 크고 몸이 자라는 것은 외적 성장의 영역이어서 이 또한 잘 드러나지만, 내적 성장의 영역은 쉽게 드러나지 않기에 꾸준히 관찰하지 않으면 알아차리기 어렵다.

어떻게 공부시켜야 할지, 어떤 학원을 어떻게 보내야 할지는 상담할 곳이 많은데, 정작 어떻게 아이를 키워야 할지 물어볼 곳이 없다는 부모님들의 속내를 듣는 것도 같은 맥락이다.

아이가 학업 성적도 나쁘지 않고 몸도 잘 자라는데, 친구 관계가 어렵고, 부모에게 마구 짜증을 내거나 거짓말을 자주 한다면 어떨까? 겉으로는 멋지게 보이나 모래 위에 지은 집처럼 기초가 튼튼하지 않게 자라고 있는지도 모를 일이다.

이 책에서 나는 우리 아이에게 무엇을 어떻게 성취하게 할 것인가

보다 어떤 방향으로 어떻게 성장하게 할 것인가, 부모로서 어떻게 그것을 도울 것인가에 초점을 맞추고자 한다. 그리고 부모도 아이와 함께 성장하기를 바란다.

이제 감사의 인사를 전하고 싶다. 우리 세대에 좋은 부모를 만나는 것은 로또 맞기보다 더 어렵다는데 나는 로또 맞은 사람이다. 하지만 완벽한 부모는 없기에 부모님 이야기를 중간중간 쓰면서 참 고민이 되었으나 내면의 힘을 키워 주신 부모님 덕에 결핍의 지점을 성장의 지점으로 삼을 수 있었다. 인생의 롤 모델이 되어 주시고 안정감의 기초공사를 해 주신 부모님께 감사드린다.

그리고 사랑한다는 것이 무엇인지, 사랑받는다는 것이 무엇인지 매일 깨닫게 해 주는 남편과 사형제, 나를 상담자로 성장하게 해 주신 참 스승 심혜숙 교수님, 청년 시절 마음을 나누는 좋은 공동체를 경험하게 해 주셔서 어딜 가든 공동체를 만들게 해 주신 정은일 목사님, 늘 힘이 되어 준 남동생과 여동생 가족, 마음을 울리는 그림을 기꺼이 그려 준 사니, 이 책이 나오기까지 애써 주신 출판사 관계자분들에게 감사드린다. 마지막으로 한 번도 생각하지 않았던 삶으로 나를 이끄셔서 이 책을 쓰게 하신 하나님께 감사드린다.

2020년 5월
저자 정은진

- 나는 할 수 있어, 나는 소중한 아이야
- 감정은 받아 주고 행동은 고친다
- 안전한 울타리를 제공하는 부모
- 성취보다 과정, 과정보다 존재를 칭찬하자
- 부모가 살아야 아이도 산다

PART 1

사랑받고 존중하는 아이

자 존 감 을 중 심 으 로

나는 자녀 양육의 목표를 건강한 자존감과 자기 통제력의 발달이라고 생각한다. 자신을 사랑하고 신뢰하며 주어지는 일을 자신감 있게 처리하는 아이, 친구 관계, 용돈 사용, 스마트폰 사용, 학습 태도 같은 일상의 영역에서 어느 정도 균형 있게 행동하리라 믿을 수 있는 아이라면 잘 자라고 있는 것이다. 눈앞의 즐거움을 뒤로 미룰 수 있고 유혹에 저항하며, 자신의 선택에 책임을 지는 아이로 자란다면 너무나 훌륭하다. 그렇게 성장한 아이라면 자신의 때에 자신만의 색과 향의 꽃을 피우지 않겠는가.

◇◇◇◇◇◇

나는 할 수 있어, 나는 소중한 아이야

자존감이란 스스로 사랑받고 존중받을 만한 소중한 존재이고, 삶에서 마주치는 문제를 잘 대처할 줄 알며, 맡은 일에 대해 성과를 낼 수 있다고 스스로를 믿는 것이다. 자존감을 처음으로 대중에게 알린 학자 너새니얼 브랜든(Nathaniel Branden)에 따르면 자존감은 자기 효능감(self-efficacy)과 자기 존중감(self-respect)이라는 두 기둥으로 설명할 수 있다.

자기 효능감은 '나는 할 수 있어'라고 생각하는 것이다. 일상의 작은 성공 경험과 부모의 격려가 축적될 때 만들어진다.

자녀 양육 세미나에서는 매주 아이의 칭찬할 만한 점을 관찰했다가 나누는 시간을 가진다. 한 엄마가 이야기를 시작했다.

"아이가 1학년인데 '받아쓰기 75점'이라면서 전화했더군요. 아빠한테 혼날까 봐 겁먹고 있더라고요."

"그래서 어떻게 하셨어요?"

"75점도 잘했다고 괜찮다고 했죠. 하지만 아빠는 그렇지 않았어요. 그날 밤 아이가 '내일 받아쓰기 100점 맞게 해 달라'고 기도를 하더군요. 점수, 점수! 징글징글해요."

"그러네요. 아빠한테는 아이의 받아쓰기 점수가 정말 중요했나 봐요."

"결국 아이가 열심히 노력해서 그 다음 날 100점을 받아 왔어요."

"잘했네요. 아이가 노력을 많이 했군요. 그런데 80점 정도가 목표 점수였으면 더 좋았을 것 같아요."

엄마는 아빠의 기대가 아이에게 부담이 될까 걱정하고 있었다. 다행히 아이가 100점을 받아 왔지만, 아빠의 기대에 아이가 도달하지 못할 때마다 '이것밖에 못하냐'면서 부담을 준다면 아이는 지치고 힘들다. 아이의 목표를 현재 상황보다 조금만 높게 정하는 것이 좋다. 이때 중요한 것은 부모가 정한 목표가 아닌 아이의 목표여야 한다는 것이다. 그 목표를 성취해 가는 과정에서 아이는 조금씩 자기 효능감을 더해 갈 것이다.

자존감의 두 번째 기둥은 자기 존중감이다. 브랜든에 의하면 자기 존중감은 '나는 좋은 사람이고, 다른 사람에게 존중받을 만하며, 그럴 자격이 충분하다'고 확신하는 것이다. 부모가 아이를 키우면서 얼마나 아이를 존중했는지가 자기 존중감의 중요한 뿌리이다.

한 아이와 상담할 때의 일이다.

"어제 무슨 일 있었니?"

"엄마랑 안 좋은 일이 있었어요."

"그랬구나…"

"엄마가 머리를 막 때리는 거예요."

"아, 아무리 화가 나서도 머리를 때리면 기분이 정말 안 좋지. 머리는 때리지 말아 달라고 말씀드려야 하지 않을까?"

"소용없어요. 네가 잘못했는데 머리 좀 때리면 어떻냐고 하시고. 왜 태어났냐, 너 같은 게 무슨 인간이 되겠냐면서 소리를 지르세요."

아이는 엄마가 자신에게 던지는 말을 떠올리면서 자꾸 눈물을 흘렸다. 아이는 존중받지 못하고 있었다.

존중하며 말하고, 행동한다는 것은 부모가 듣기 싫은 말을 아이에게도 하지 않고, 부모가 존중받고 싶은 대로 아이를 대하는 것을 말한다. 아이를 때리면서 울지 말라고 윽박지르고, 자주 소리 지르면서 싸우고, 술을 마시고 온 집안 식구를 괴롭히는 부모가 만드는 공포스러운 분위기는 자기 존중감을 깎아내릴 수밖에 없다. 부모가 아이를 지속적으로 비난하는 상황 역시 자기 존중감에 치명적인 영향을 준다.

존중이 사라진 상황에 노출되어 자란 아이는 강한 기질의 경우 갑각류처럼 껍질을 만들어 상황에서 자신을 격리시키지만 내면은 계속해서 혼란스럽다. 순한 기질의 경우 상황에 무력하게 노출되고 부모가 마구 대했던 것처럼 자기 자신을 함부로 여기거나 존중하기가 어렵다.

자기를 존중하지 않는 사람은 자신에게 부당한 일이 생겨도 "아니요!"라고 하기 힘들다. 자신을 존중하지 않기 때문에 타인이 부당하게 대하더라도 내가 잘못해서 그런 대우를 받는 거라고 자책한다.

때로 성공하거나 행복을 느끼면 이런 행복을 누리면 안 될 것 같은 생각이 마음 한쪽에 자리 잡는다. 그래서 자신을 불행한 상태로 몰아가는 결정을 내려 결국 나락으로 떨어진다. 그 상황이 괴롭지만 한편 자신이 있어야 할 자리가 바로 그곳인 것처럼 편안함을 느끼기도 한다.

그러나 자신을 존중하는 아이는 균형 있게 판단하고 선택할 줄 안다. 일상을 아무렇게나 던져 버리지 않으며 자신을 부당한 상태에 내버려 두지 않는다.

이 책을 쓰면서 나는 '자존감' 앞에 정면으로 서게 되었다. 이제까지 맡겨진 일을 잘 해내기 위해 최선을 다해 준비했고 대부분 좋은 결과를 가져왔다. 사람들에게 인정받기 위해 애써 온 결과였다. 때로는 자존감이 아니라 타존감을 가진 것 같다는 생각을 했다.

글 쓰는 과정 내내 이런 생각의 반복이었다. 나를 세상에 드러내야 하는 과정이기에 비난받을까 많이 두려웠다. 이 글을 누가 읽을까, 어느 출판사가 내 책을 내 주겠다고 할까 의심하기도 했다.

이러한 과정을 겪으면서 소모적인 내면의 투쟁을 어마어마하게 했는데, 사실 내 발목을 내가 잡는 꼴이었다. 자존감이 낮은 사람은 내면의 투쟁을 치르면서 자신의 성장을 위해 사용해야 할 에너지를 소진시키고 만다. 우리 아이들이 이렇게 소모적으로 투쟁하는 것을 미리 방지할 수 있다면 얼마나 좋을까 싶다.

감정은 받아 주고 행동은 고친다

몇몇 카페와 식당이 변화를 시작했다. 노 키즈 존(No Kids Zone)에서 노 배드 페어런츠 존(No Bad Parents Zone)으로 안내 표시를 바꾸고 있다는 기사가 나왔다. 문자 그대로 '나쁜 부모 출입금지'라는 것이다. 아이의 문제가 아니라 부모의 문제라는 뜻이기도 하다.

식당의 대형 유리창 창틀에 아이들이 올라가려고 해서 내려오라고 한 적이 있었다. 서빙하던 식당 주인이 고맙다고 하며 덧붙이기를 며칠 전 가족 손님 중 한 아이가 창틀에 올라가려고 해서 그러지 말라고 했다가 황당한 일을 당했단다. 부모가 대뜸 아이 기를 죽인다고 화를 내며 이런 알바는 잘라야 한다고 해서 주인이라고 하자, 다시는 이 집에 안 오겠다며 가 버렸다는 것이다.

부모로서 아이의 기를 살린다는 이유로 모든 행동을 허용해서는 안 된다. 자녀 양육에서 기억해야 할 두 가지 원칙은 '감정은 받아 주고 행동은 고친다'와 '나와 남은 해치지 않는다'는 것이다.

아빠를 때리는 아이가 있다고 하자. 아빠는 아이가 어리니 별일 아니라는 듯이 참고 있다가 상황이 반복되면 결국 화가 치솟아 소리를 지르거나 손찌검을 하게 된다. 이런 경우 아이가 아빠를 때리는 즉시 손목을 잡아 중지시키고 아이의 눈을 바라보며 이렇게 말해야 한다.

"여기 앉아 봐. 왜 아빠를 때렸니?"

자녀 양육의 두 가지 원칙

감정은 받아 주고
행동은 고친다

나와 남은
해치지 않는다

원칙 1

원칙 2

"아빠가 네 말을 들어주지 않아서 화가 났구나. 미안해. 그렇다고 때리면 아빠도 화가 나거든. 아빠를 때리는 행동은 안 되는 거야. 아빠랑 놀고 싶을 때는 때리지 말고 놀자고 말을 하자."

이렇게 화난 감정은 받아 주고 아이의 행동은 고치는 것이다. 감정은 영혼의 언어라고 했듯이, 나의 감정을 공감하고 이해해 줄 때 감정뿐 아니라 내 존재가 수용되는 느낌을 받는다. 존재가 온전히 받아들여지면 앞으로 나아갈 힘이 생기고 불필요한 감정의 찌꺼기들이 침전되지 않는다.

아이가 기분이 무척 좋은 상태로 학교에서 돌아왔다면 "그랬니? 엄청 좋았겠네! 신났겠어!" 하면서 아이의 감정 수위에 따라 반응하는 것이 좋다. 아이가 상장을 흔들면서 들어온다면 포옹하면서 참 잘했다고 엉덩이를 두드리면서 같이 기뻐하자.

아이는 상황에 만족하며 기뻐하는데, 뭐 그 정도를 가지고 유난이냐는 둥 너희 반에 너보다 잘한 애가 몇 명이냐는 둥 하며 아이 감정을 망가뜨리지 말아야 한다. 이런 태도는 겸손을 가르치는 게 아니라 감정을 축소시키며 아이가 자신의 감정을 신뢰하지 못하게 만든다.

최선을 다해 결국 반에서 1등 한 아이가 집에 돌아가서 엄마에게 뺨을 맞았다는 이야기를 들은 적이 있다. 이렇게 1등을 할 수 있으면서 왜 지금까지 안 했냐는 것이 이유였다. 얼마나 가슴 아픈 일인가. 혹시 아이가 친구로 인해 잔뜩 속이 상해 귀가했다면 "내 딸, 힘들었겠다, 화날 만하지." 하면서 감정의 물이 빠지기를 기다려야 한다. 감정의 물이 차오를 때는 이성이 제대로 작동되지 않는다.

감정의 물을 빼는 마개는 공감이다. 아이의 감정을 읽어 주며 공감하기가 어렵다면 "그랬구나."라는 말만 해도 된다. "그랬구나.", "그래서 그런 거구나."라고 하다 보면 아이는 어느덧 스스로 감정을 정리한다.

하지만 어떤 아이는 자기감정을 가라앉히기까지 조절할 시간이 많이 필요하다. 그런 아이의 경우 혼자 시간을 보내게 한 후 화난 감정에 대해 듣고 공감하며 대화로 풀어 가는 것이 좋다. 만약 아이가 순간적으로 화를 참지 못해 친구를 때리고 화해하지 못한 채 집으로 들어왔다면, 일단 상황을 들어보고 친구를 때릴 만큼 화가 났던 감정을 받아 준다. 이후 때린 행동에 대해서는 함께 사과를 하러 가거나 한 번 더 이런 상황이 있을 때 어떻게 할 것인지에 대한 논의가 필요하다.

우리 아들도 한동안 밖에서 싸우고 들어오는 경우가 여러 차례 있

감정의 물이 차오를 때는 이성이 제대로 작동되지 않는다.
감정의 물을 빼는 마개는 공감이다.

었다. 필요한 경우 상대 아이에게 찾아가 미안하다며 사과하기도 했고, 상대 부모님에게 고개를 숙이고 정중하게 용서를 구하기도 했다.

이럴 때 "이런 일이 자꾸 생겨서 죄송합니다. 다시는 때리지 않겠습니다."라고 아이가 말할 내용을 알려 주고 정중한 태도를 갖추도록 연습하는 것도 좋다. 사실 대단히 괴로운 과정이지만, 이 과정을 부모와 함께 하는 것 자체가 자신의 행동에 책임지는 법을 배우는 기회가 된다. 실제로 나 역시 부끄럽고 답답해 아이만 보내 사과하게 하고 싶었지만, 함께 갔던 이유이기도 하다.

아이 입장에서는 본인의 잘못 때문에 부모도 함께 힘들어하는 것을 보는 것이며, 부모 입장에서는 아이의 미성숙함을 함께 지고 가는 것이다. 그래서 부모는 아이로 인해 기쁘기도 하지만, 아이로 인해 창피를 무릅써야 하는 존재이기도 하다. 부모의 위치는 '쪽팔리는 자리'인 셈이다.

◇◇◇◇◇◇

안전한 울타리를 제공하는 부모

점심 무렵, 서울역 안 패스트푸드 점에서 햄버거를 먹다가 창밖으로 엄마와 아이가 실랑이하는 장면을 보게 되었다. 3살쯤 되는 여자아이는 로비에 드러누웠고, 엄마가 아이를 안아 일으키려고 할수록 아이는 연체동물처럼 몸을 뒤로 한껏 젖혔다. 엄마가 지쳐 아이를 바닥에 내려놓으면 또다시 바닥에서 뒹구는 것이었다.

그야말로 '뼈 없는 순살 치킨' 같았다. 내가 지켜보고 있는 15분 내

내 아이의 행동은 계속되었고, 엄마는 울기 직전이었다. 아이의 표정은 어땠을까? 내 쪽을 바라보던 아이는 엄마를 이겼다는 듯 웃고 있었다. 참 답답한 상황이었다.

부모의 양육 방식을 네 가지로 구분한 바움린드(Diana Baumrind)는 통제와 애정을 두 축으로 하여 네 가지 유형의 부모를 설명한다.

통제와 애정의 균형을 갖춘 권위적 부모, 통제는 낮고 애정이 높은 허용적 부모, 통제는 강하고 애정이 낮은 권위주의적 부모, 통제와 애정 모두 낮은 방임적 부모가 그것이다.

요즘 3040 부모들은 부모의 말이 곧 법인 권위주의적 부모나 생업에 바빠 아이들에게 거의 신경을 쓰지 못하는 방임적 부모 밑에서 자랐을 가능성이 높다. 좋은 권위자는 단호함과 관대함을 함께 가지고 있지만, 권위주의자는 지시와 억압, 통제로 권위를 행사한다.

권위주의적 부모 밑에서 자란 아이들은 좋은 권위를 경험하지 못했기 때문에 성인이 되어도 권위라는 말을 들으면 일단 저항감이 생긴다. 이런 경우 부모가 되면 허용적인 부모가 될 가능성이 높다. 자녀와 친구같이 지내는 것이 좋다고 생각한다. 물론 아이가 자랄수록 당연히 친구같이 사이좋게 대화할 수 있는 부모가 되어야 하겠지만, 아이가 어릴수록 부모의 좋은 권위도 같이 필요하다.

허용적인 부모는 아이의 행동을 수정하기보다 아이에게 맞추면서 허용의 범위를 넓힌다. TV프로그램 〈우리 아이가 달라졌어요〉에 출연했던 한 가정의 사례가 아직도 선명하다. 아이가 침대를 거실로 옮겨서

네 가지 부모 유형

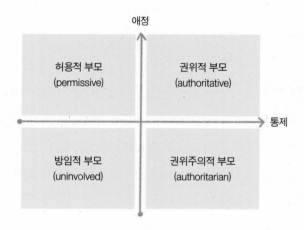

자고 싶다고 조르자 부모가 침대를 거실로 옮겨 주었고, 아이가 원하는 대로 거실에서 생활하게 해 주었다. 아이는 침대에 누운 채 신나게 TV 리모콘을 만졌다. 아이가 원하면 무엇이든지 해 주는 부모였고, 아이는 그 집의 제왕이었다.

그런데 문제가 생기기 시작했다. 유치원에서 아이가 친구 관계를 잘 맺지 못한다는 것이었다. 유치원에 관찰 카메라를 달아 아이의 행동을 살펴보니, 친구와 놀고 싶은데도 빙빙 주위를 돌아다니기만 하거나 친구를 갑자기 때리는 등 또래 집단에서의 적절한 사회적 기술을 가지지 못했다는 것을 알 수 있었다.

관찰 카메라를 통해 아이의 모습을 지켜보던 부모는 어쩔 줄 몰라했다. 왜 이런 상황이 일어났을까? 부모는 아이가 어떠한 행동을 하든 허용하는 것이 사랑이라고 생각했을지 모르지만 가정에서의 규칙과 아이가 속한 작은 사회의 규칙은 엄연히 달랐던 것이다. 그러니 친구들과의 관계를 어찌해야 할지 몰라 아이는 당황할 수밖에 없었다.

아이가 영상을 보느라고 밥을 먹지 않으면 떠먹여 주는 부모, 아이가 조금만 짜증내도 요구를 다 들어주려 하는 부모는 아이를 왕으로 만든다. 꾸중이라도 하면 아이의 사랑을 잃을까 하는 불안이 부모의 내면에 있는 것은 아닌지 살펴볼 필요가 있다.

부모의 학력이 높고 늦은 나이에 아이를 낳은 경우 허용적인 부모가 되기 쉽다. 아이의 요구를 다 들어주고 사 줄 수 있는 재정적 능력이 있는 반면 아이의 행동을 섬세하게 관찰하면서 가르칠 힘이나 시간이 부족한 것이다. 할아버지 할머니가 아이 양육을 도와주시는 경우에도 이런 상황이 종종 발생한다. 손자 손녀가 사랑스러우니 천방지축 어지럽혀도 치워 주고 정리한다. 식사할 때도 아이는 식탁에 앉아 있지 않고 조부모님은 따라다니면서 밥을 떠먹이시는 것이다.

할아버지 할머니가 다녀가시면 아이 버릇이 나빠진다는 뒷담화를 엄마들을 통해 종종 듣는다. 딸 같으면 한마디라도 하겠는데, 며느리라서 더 힘들단다. 집에서 이렇게 자란 아이는 친구 관계에서도 집에서 하던 대로 제멋대로 하고 싶어 낄끼빠빠(낄 때 끼고 빠질 때 빠지는)가 안 되고, 센스나 싸가지가 없다는 등의 말을 듣게 된다.

나는 허용적인 부모 밑에 자란 아이들이 종종 안쓰럽다. 그때그때 자연스럽게 가르쳐주면 잘할 수 있었던 아이들임에도 적절한 규칙과 경계를 배우지 못한 것이다. 뒤늦게 자신이 속하게 된 사회에서 부대끼며 힘들게 사회적 질서들을 깨우쳐야 한다. 그 과정이 힘들 수밖에 없는 아이는 짜증이나 화를 내게 되고 더욱 친구들과 멀어지는 악순환이 이어진다.

한편 아이의 일거수일투족을 통제하려는 부모는 의도적인 방임의 마음가짐이 필요하다. 부모가 보지 못하는 공간과 시간이 존재할 때 아이들은 선을 넘어가는 행동을 해 보기도 하고 숨을 쉬기도 한다. 선을 넘어가는 행동은 어릴 때 해 봐야지 어른이 되어서 한다면 곤란해진다.

특히 외동아이라면 아이의 행동반경 대부분을 부모의 시선 속에 넣고 통제할 수 있다. 이런 경우 일부러 못 본 척, 못 들은 척하는 것이 필요하다. 또한 아이가 성장함에 따라 통제가 줄어들어야 한다. 그렇지 못하면 톰과 제리처럼 쫓고 쫓기는 관계가 되고, 관계는 갈수록 멀어질 것이다.

아이가 가장 먼저 만나는 어른은 부모와 선생님이다. 아이들은 어떤 어른을 원할까?

"선생님, 제 배에 칼자국 있어요."

위기 청소년 캠프에 참석한 첫날, 한 아이에게 들은 첫인사였다.

"어, 그래? 이따 한번 보여 주라. 장난 아닌데?"

나는 천연덕스럽게 웃으며 어깨를 한번 쳐 주고 가볍게 넘긴다. 특히 캠프 첫날에 아이들은 서로 기싸움을 하게 마련이고, 또 선생님을 시험해 보려는 갖가지 행동과 말들이 오간다. 선생님이 어떤 사람인지,

믿을 만한 어른인지 확인하려는 것이다.

아이들은 내심 '부드럽지만 만만하지 않은' 어른을 원한다. 그래서 떼를 쓰거나 여러 요구를 하면서 조종해 보기도 하고 어디가 한계인지 밀어붙여 보기도 한다. 그러다가 '어, 내 마음대로 조종이 안 되네. 그런데 나를 좋아하고 지지하고 있어.'라고 확신이 들면 스스로 마음을 열기 시작한다. 안전하게 느껴졌기 때문이다.

초보 선생님들이 아이들을 대하면서 실수하는 부분이 이 지점인데, 아이들과 친하게 지내는 데 초점을 둔 나머지 만만하게 보일 수 있다는 것이다. 어른이라면 단호함과 관대함이 함께 필요하다. 친밀하면서도 아이들의 반응에 내 존재가 흔들려서는 안 되는 것이다. 이것을 내공이라고 불러도 좋겠다.

나는 어떤 그룹을 이끌든지, 어떤 사람들을 만나든지 초반에 안전하고 지지적인(safe & supportive) 분위기를 형성하는 데 매우 힘을 쏟는다. 가정은 더욱 그러해야 하지 않을까. 가정이 안전하고 지지적이라고 믿는 아이는 안정감 있게 자랄 것이다. 반면 아이보다 더 불안해하고 앞서 걱정하는 부모는 아이에게 안전한 울타리가 되지 못한다.

안전하지 못한 부모에게 아이는 자신의 마음을 다 쏟아 놓을 수가 없다. 이야기를 꺼냈다가 뒷수습하기가 더 힘들다는 것을 경험을 통해 알게 되면 될수록 아이는 스스로 문제를 해결하려고 애쓴다. 섣불리 의논했다가는 부모 걱정까지 해야 하기 때문이다.

울타리가 없는 공간에서 아이들을 놀게 하면 중간에 옹기종기 모여

서 놀지만, 울타리가 있는 공간에서 놀라고 하면 오히려 이 구석 저 구석에서 자유롭게 활동한다는 이야기가 있다.

부모가 제공하는 안전하고 적절한 넓이의 울타리는 아이에게 안정감을 주고 자유롭게 사고하도록 돕는다. 어느덧 아이들이 자라면서 울타리는 점점 넓어지고, 간혹 드나드는 구멍들이 여기저기 나 있기도 하다. 안전한 울타리에 익숙한 아이들은 어른이 되면 자연스럽게 부모의 울타리에서 벗어나 부모가 그랬듯이 자신의 울타리를 세워 간다. 그리고 이 울타리에 누구를 드나들게 할지, 어디까지 공유할지, 어떨 때 출입을 거절해야 할지를 고민하고 판단하면서 살아갈 것이다.

성취보다 과정, 과정보다 존재를 칭찬하자

아이가 미술을 잘하면 "피카소가 따로 없네!", 음악을 잘하면 "베토벤이 여기 있었네!"라고 칭찬을 아끼지 않는 가정이 있었다. 하루는 엄마가 이런 고민을 털어놓았다.

"이런 칭찬을 자주 하는 게 잘하는 건지 모르겠어요. 칭찬은 고래도 춤추게 한다잖아요. 그런데 그럴 때마다 아이는 '아니야, 나는 잘 못 해'라고 해요."

아이는 엄마의 칭찬이 부담스러웠을 만하다. 자신이 피카소 같을 리 없고, 베토벤 같을 리 없다는 것을 알기 때문이다.

"결과에 대한 칭찬보다, 과정에 대한 칭찬을 해 주세요. 너무 지나친 칭찬은 부담스러운 기대로 들릴 수 있답니다."

"아~! 정말 그렇겠어요."

나는 베토벤도 피카소도 아닌 '나'인 것이다! 아이가 잘하든 못하든 아이에게는 노력한 과정이 중요하다. 그 과정을 칭찬하자. 한 계단 한 계단 오르는 과정에서 숨도 차고 다리도 아프지만 어느덧 근육이 생겨 더 높이 더 많은 계단을 손쉽게 오르게 되고, 자신감이 생겨 더 높은 목표를 정할 수 있다.

설령 "엄마, 내가 안 해서 그렇지, 하면 된다니까요."라고 해도 그 아이는 잘 자라고 있는 것이다. "나는 정말 못하겠어요.", "아무리 해도 안 될 것 같아요."라는 말을 자주 하는 것보다 훨씬 낫지 않겠는가.

아이는 자신의 성취뿐 아니라 성장을, 나아가 근본적으로 자신의 존재를 부모가 깊이 사랑한다고 확신할 때 안정감을 얻는다. 그래서 칭찬은 성취보다 존재에 관한 것일 때 가장 강력하다. 칭찬은 세 가지로 나누어 볼 수 있다.

첫 번째, 성취에 관한 칭찬이다. 아이가 운동 경기에서 이겼을 때, 상을 받았을 때, 그림을 잘 그렸을 때 "어이구, 우리 아들 잘했네!"라고 칭찬하는 것이다.

두 번째, 과정에 대한 칭찬이다. 원하는 만큼 성취하지 못했더라도 그 과정에 충실했다면 충분히 칭찬해야 한다. "아들아, 목표에 도달하지 못했어도 괜찮아. 네가 얼마나 열심히 노력했는지 알거든. 그것만으로 충분히 훌륭하다고 생각해."라고 말이다.

세 번째, 존재에 대한 칭찬이다. 실제로 아이는 존재만으로도 우리를 기쁘게 한다. "네가 엄마 딸이라서 너무 좋아.", "네가 오늘 같이 있어서 참 즐겁구나!", "우리 귀염둥이!"와 같은 말을 종종 속삭여 주는 것이다.

아이의 학교에서 현장 학습 가는 날에는 도시락에 '사랑의 말'을 메모해서 넣어 달라는 가정통신문이 온다. 작은 메모지에 '잘 다녀와, 엄마는 네가 있어서 참 기쁘고 좋아. 사랑해♡'라고 적은 날이면 더 신나게 돌아오는 아이를 느낄 수 있었다. '엄마, 다음엔 좀 더 길게 써 주세요.'라고 쓴 아이의 답장을 발견하기도 한다.

세 가지 칭찬

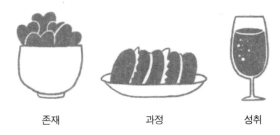

존재 과정 성취

누구나 그렇지만 아이는 더욱 존재에 대한 칭찬을 듣고 싶어 한다. 사랑의 말은 언제 들어도 좋은 것이다. 마음속에 있는 사랑의 항아리를 꽉꽉 채워 주자. 항아리의 크기는 각각 다르겠지만 인정하는 말로, 같이 보내는 시간으로, 선물로, 아이를 도와주는 것으로, 스킨십으로 사랑을 채워 줄 수 있다.

사랑을 많이 받은 아이가 사랑을 많이 베풀 수 있다. 내 안에 가진 것이 많아야 많이 내어 줄 수 있을 테니 말이다. 부모가 아이에게 깊이 사랑한다는 확신과 안정감을 줄수록 아이는 높은 자존감을 가진 아이로, 사랑하는 아이로 성장할 가능성이 높다.

◇◇◇◇◇◇

부모가 살아야 아이도 산다

부모 혹은 중요한 어른이 '존중이 결여된 파괴적인 메시지'를 아이에게 반복적으로 전달한다면 그 내용은 내면화되어 어른이 되어도 작동한다. 아무도 그렇게 말하지 않더라도 성장기에 들었던 말들이 내면에서 들리는 것이다.

이것을 셀프 토크(self-talk)라고 한다. '난 못할 거야', '나는 안 되는 인간이야', '나는 태어나지 말았어야 해'와 같이 부정적인 말들이 계속되고, 내면에 거듭 쌓이기 시작한다. 이렇게 누적된 말들은 실제로 누군가 말하는 것만 같다. 그렇다면 그 목소리와 논쟁해야 한다. '넌 못할 거야'라는 목소리가 들리면 '그렇지 않아, 난 할 수 있어'라고 대꾸하자. '너를 누가 사랑할 리 없어'라는 목소리가 들리면 '신은 나를 사랑하셔', '내 주위엔 나를 좋아하는 사람들이 얼마나 많은데'라고 확실하게 말하자.

이처럼 자기 내면에서 일어나는 메시지에 반박하며 스스로 돌보는 것을 자기 양육(self-parenting)의 과정이라고 한다. 성장기에 부모에게서 충분히 사랑받지 못했을지라도 그 시절을 애도하면서, 이미 어른이 된 나를 스스로 돌보고 양육하는 것이다.

나 역시 마찬가지이다. '너는 부족한 사람이야, 너보다 공부도 많이 하고 잘난 사람이 세상에 얼마나 많은데 네가 어떻게 이 일을 하겠어?'라는 목소리가 내면에서 들릴 때가 있다. 그러면 위축되고, 그 목소리에 설득된다. '그래, 나 같은 게 무슨 책을 쓰겠다고, 세상에 얼마나 훌륭한 저자들이 많은데'라고 생각한다.

그럴 때는 잠시 숨을 돌리면서 마음을 다잡는다. '세상에 잘하는 사람들이야 얼마든지 많지, 그렇지만 나도 잘해. 내가 잘하는 것을 하면 되는 거야. 남들이 뭐라고 하면 어때'라고 그 목소리에 반박하며 나를 다독인다. 그리고 목욕탕에 가거나, 좋아하는 카페에서 커피를 마시거나, 시간이 허락하면 가까운 곳에 여행을 다녀오기도 한다. 나를 돌보고, 나를 소중하게 여기는 시간을 갖는 것이다. 그런 시간을 보내고 나면 다시 힘을 얻고 도전 정신이 살아난다.

어떤 사람들에게는 이제까지 한 번도 누구에게도 말하지 못한 비밀이 있다. 내면 깊숙이 숨어 있는 그 비밀의 공간에서 왜곡된 목소리들이 떠드는 경우가 많다. 이런 경우 정말 믿을 만한 사람에게 이야기하는 것으로 멈춰 있던 자아의 성장을 시작해야 한다.

이는 어둠의 공간에 틈을 내어 빛을 비추는 일이다. 말이 어렵다면 글로 쓰자. 실명이 어렵다면 필명으로 하자. 그래야 나를 공격하는 비합리적인 내면의 목소리를 제대로 바라보고 조금씩 반박을 시작할 수 있다.

부모는 자기 양육의 과정을 계속하면서 자존감을 잘 관리해야 한다. 그래야 아이를 보다 객관적으로 양육할 수 있다. 자녀의 짐 중에 가장 무거운 것이 부모의 무의식적인 짐이라는 이야기를 들은 적이 있다. 부모의 낮은 자존감을 아이의 성취를 통해 보상받으려고 한다거나, 씩씩하게 앞으로 나가려는 아이를 비난하며 '네가 뭘 할 수 있겠어' 하면서 잡아당겨 주저앉히는 일이 일어나는 것이다.

부부 사이도 마찬가지이다. 남편의 자존감이 낮으면 아내가 잘되는 모습을 지켜보기가 힘들고, 아내를 붙잡아 남편 옆에 두려고 한다. 또 낮은 자존감의 아내는 남편을 존중하기는커녕 비난하면서 내가 너보다 낫다는 것을 증명하려고 한다.

아이에게는 내가 줄 수 있는 만큼 많이 주자. 지속적으로 대화하고 친밀한 관계를 이루는 공동체 속으로 나를 집어넣어야 한다. 집에서 벗어나 가까운 곳이라도 여행을 다녀오자. 산책이나 스트레칭을 하고, 책에서 자양분을 얻으려 하자. 조용한 기도를 하면서 힘을 얻자.

다른 이들이 칭찬을 하면 그냥 받아들이기로 결정하고, 자신이 이루어 낸 작은 일에도 마음껏 칭찬하자. 스스로에게 맘에 드는 물건으로 상을 주는 것도 좋다. 이렇게 살아서 뭐하겠나 하는 블랙홀에 빠지면 위험하다. 그런 생각이 찾아오면 좋은 상담자를 만나는 것을 추천한다. 병원에 가는 것이 필요하다고 생각되면 망설이지 말고 가자. 행복한 부모가 최고의 부모이다.

사실 삶은 상처의 연속이다. 상처받지 않기를 기대하기보다 상처가 생기면 약을 바르고 밴드를 붙이면서 또 걸어가야 한다. 그래서 삶은 버티기가 지혜일 때도 있다. 잘 버텨 보자. 혼자 버티기 힘드니 연대하면서 걸어가자. 그러다 보면 좋은 날엔 기뻐하고 슬프면 울기도 하면서 서로 힘을 줄 수 있다. 내가 살아야, 우리가 살아야 아이가 산다.

정은진 소장의 따뜻한 권유

/ self-esteem /

자기를 사랑하고 타인을 존중하는
아이로 키우려면?

1. 집에 돌아오는 자녀를 안아 주며 이렇게 말해 볼까요? 문자나 SNS 메시지
   도 좋아요.

   "나는 네가 있어서 너무 좋아."
   "네 존재가 나에겐 축복이란다."
   "사랑하고 또 사랑해."

2. 나는 언제 행복한가요? 열 가지를 적어 봅시다. 그리고 이번 주간에 시간
   을 내어 행복한 자리로 나를 데려가 봅시다.

   1)
   2)
   3)
   4)
   5)
   6)
   7)
   8)
   9)
   10)

PART 2

긍정적인 아이

감정 다루기를 중심으로

소설 『아몬드』의 주인공 선윤재는 알렉시티미아(Alexithymia)라는 감정 표현 불능증을 앓고 있다. 이 아이에게는 감정이라는 단어도, 공감이라는 말도 그저 활자에 불과하다. 이 소설은 그런 아이가 어떻게 자라고 변해 가는지를 감동적으로 보여 준다.

◇◇◇◇◇◇

감정에는 힘이 있다

감정은 '기쁘다, 희망적이다, 살맛이 난다' 같이 긍정적인 감정과 '화가 난다, 슬프다, 실망했다'와 같은 부정적인 감정으로 나눌 수 있다. 소리를 내어 읽어 보자. '정말 기쁘다, 아주 희망적이다, 참 살맛이 난다, 너무 신난다' 기분이 어떤가? 긍정 감정 단어를 읽어 보는 것만으로도 기분이 좋아진다. 다음 단어들도 읽어 보자. '아주 화가 난다, 참 슬프다, 진짜 실망했다, 상당히 절망스럽다' 이때 기분은 어떤가? 부정 감정 단어를 읽는 것만으로도 기분이 가라앉는 것을 경험할 수 있을 것이다.

신기한 일이다. 아무 일도 일어나지 않았는데 그저 활자화된 감정 단어를 읽는 것만으로도 영향을 받는 것이다. 감정은 우리를 움직이는 힘이 있다. 평소에 긍정 감정을 부정 감정보다 많이 느끼면 좋겠지만, 부정 감정이라고 해서 나쁜 것은 아니다. '부정 감정'이라는 말 대신 다른 표현이 있으면 좋겠다는 생각도 든다.

만약 긍정 감정만 느끼는 사람이 있다고 생각해 보자. 늘 웃기만 하고, 기쁘기만 한 사람이 있다면 말도 통하지 않을뿐더러 그 상황이 얼마나 기괴할까 싶다.

부정 감정은 우리 삶에 좋은 동력이 되기도 한다. 실패했을 때, 하지 말아야 할 말을 했을 때 머리를 땅에 박고 싶을 정도로 후회하지만, 그 감정을 깊이 느끼고 나면 더 잘해야지 다음부터 그러지 말아야지 하는 생각이 드는 것이다. 부정 감정이 일어날 때는 무시하거나 애써 눌러 버리지 말고 잘 다루면 된다.

가정마다 규칙이 있다. 어른이 집 밖에서 들어오면 인사하기, 식사할 때 스마트폰 보지 않기, 10시에 잠자리에 눕기 등 눈에 보이는 규칙이 있다. 반면 일찍 하늘나라에 간 오빠 이야기는 꺼내지 않는다거나, 아빠와 엄마가 다툴 때는 방 안에 있어야 한다와 같은 눈에 안 보이는 규칙도 있다.

우리는 눈에 보이는 규칙보다 눈에 보이지 않는 규칙에 더 큰 영향을 받는다. 여기에는 감정에 관한 규칙도 포함되는데 집에서 화내면 안 된다, 울면 안 된다, 크게 웃으면 안 된다 등과 같은 것들이다. 가정에서는 어떤 감정이든 자유롭고 편안하게 표현하고 수용되어야 하지만 격한 감정으로 동생을 때린다든지, 의자를 집어던진다든지 하는 행동은 제지되어야 한다. 때릴 수 있는 쿠션을 마련해 준다든지, 몹시 화가 난다면 제 방에 들어가 있기 등 대안을 제시해 줄 수 있겠다. 아이 때문에 너무 화가 나면 방에 들어가서 미친 듯이 수건을 집어던지면서 감정을 풀어내고, 밤에 수건을 개면서 '오늘은 이만큼 화가 났었구나' 하고 자신을 다독이며 어려운 시절을 지냈다는 엄마의 이야기를 들은 적도 있다. 아이를 다치게 하지 않으면서 부정 감정을 잘 다룬 지혜로운 방식이었다. 감정은 눌러놓기보다 잘 표현해야 한다. 우리 집에는 감정에 대한 어떤 규칙과 대안이 있는지 생각해 보자.

◇◇◇◇◇◇

아이 대신 싸워 주거나 과잉보호하지 않기

아이가 부정 감정을 크게 느낄 때 부모는 괴롭다. 사랑하는 우리 아이가 울고 분노하고 속상해 하면 가슴이 바늘로 찌르는 것처럼 아프다.

아이가 힘들면 그 어려움을 줄여 주려고 대신 싸워 주고 싶은 것이 부모 심정이고, 그 상황을 빨리 회복시켜 주려는 생각을 먼저 하게 된다. 아이가 대처할 수 없는 어려움에는 당연히 부모의 도움이 필요하지만 도와줄 수 있으나 참고 아이를 지켜봐야 할 때도 있다. 성장기에 겪는 어려움은 아이 스스로 헤쳐 나가도록 해야 그 아이가 성장할 수 있는 것이다.

아이가 조금이라도 힘들어하는 모습을 못 보는 부모, 아이가 불평 한마디 하는 순간 바로 움직이는 부모, 아이의 어려움을 대신 해결해 주는 부모 아래에서 자라는 아이는 어떻게 될까? 아마도 어려움이 닥치면 그냥 울어 버리거나 부모 뒤로 도망가는 의존적인 아이가 될 것이다. 불평만 하면 문제가 해결되는데 무엇 때문에 문제를 해결하려는 노력을 기울이겠는가? 결국 아이는 자신의 문제를 해결하는 능력이 자라나지 못하고 어려운 일이 생길 때마다 남 탓, 환경 탓만 하게 된다. 선

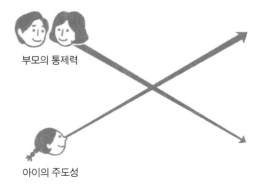

부모의 통제력 & 아이의 주도성

부모의 통제력

아이의 주도성

택은 하되 책임은 지지 않는 인생인 것이다.

아이가 성장할수록 부모 의존성은 줄어들어야 한다. 시간이 지날수록 아이의 주도성은 높아지고 아이의 삶에 대한 부모의 통제력은 내려가야 한다는 뜻이다. 그래야 아이는 자신의 삶을 살게 되고, 부모는 아이를 믿고 떠나보낼 준비를 할 수 있다.

아이를 사랑하는 마음이 왜곡되면 부모는 과잉보호를 하게 된다. 한때는 '과잉보호가 그리 나쁜가? 사랑의 조금 다른 모습이 아닐까?'라고 생각하기도 했다. 그러나 과잉보호를 받으며 자라난 아이의 결혼 생활이 대체로 원만하지 않다는 것을 여러 사례를 통해 알게 되면서 생각이 바뀌었다. 과잉보호도 아이에게는 일종의 해악이다. 사랑한다는 미명 아래 '너는 나 아니면 아무것도 못해'라는 메시지를 주는 것이기 때문이다.

결국 과잉보호는 몸집만 큰 성인 아이를 만들어 내기 마련이다. 과
잉보호를 하는 부모가 가장 자주 쓰는 말은 "안 돼!"이다. 이것도 안 되
고 저것도 안 된다고 하는 것은 세상은 위험하고 내 품 안이 안전하다
는 뜻이다.

"안 돼!"라는 말을 밥 먹듯이 하는 아빠를 본 적이 있다. 딸을 사랑
하는 마음이 커서 매사 보호하려는 마음이겠지만, 정말 아이 스스로 할
수 있는 일이 거의 없었다. 그러다가 6살 딸아이가 큰길가에서 아빠를
향해 냅다 "아빠는 겁쟁이야!"라고 소리쳤다. 그 순간 크게 당황해하던
아빠의 얼굴이 생생하다.

과잉보호를 하는 부모는 아이가 자신의 통제 안으로 들어와 자신을
의지할 때 만족감을 얻는다. 자신이 아이에게 필요한 존재인 것이다.
이런 부모는 아이가 영아기, 유아기일 때는 무리 없이 만족스럽다. 부
모로서 해 줄 수 있는 것이 많다. 그러다가 유년기를 지나면서 아이의
고집이 생기고 반항하기 시작하면 어쩔 줄 몰라한다. 그저 어릴 때가
좋았다고 그리워한다.

과잉보호 상황에서 자란 아이는 어떤 배우자를 바랄까? 마치 부모
님의 대역인 듯 언제든지 자신을 보호해 주고 이끌어 주기를 기대할 가
능성이 높다. 반면 보살핌을 잘 받지 못하고 성장한 경우에도 같은 기
대를 가질 수 있다. 비록 결과는 같더라도 원인은 전혀 다르다. 과잉보
호로 자란 아이는 익숙함에서 비롯된 것이지만 보살핌을 받지 못한 아
이는 결핍이 원인이다.

한동안 시청했던 TV 음악 프로그램 〈비긴 어게인 3〉에서 나온 장면

이다. 이탈리아의 멋진 성을 보고 가수 하림이 악뮤(AKMU) 멤버 이수현에게 "이런 성을 사 줄 수 있는 남자친구를 만나면 좋겠네."라고 하자 수현은 "저는 제가 살 건데요!"라고 시원스럽게 답변했다. 하림은 "역시 마음에 들어!"라고 웃었고, 나 역시 수현의 반응이 참 보기 좋았다. 한쪽이 한쪽을 일방적으로 의존하는 관계는 건강하지 않다. 성인이 된 이상 누구도 우리의 부모가 될 수 없다.

◇◇◇◇◇◇

뭐가 그렇게 힘든데? 감정을 무시하지 않기

어떤 부모는 아이의 감정을 무시한다. 뭐가 그렇게 힘드냐, 나는 더 힘든 세월을 살아왔다면서 그렇게 약해 어찌 살아가겠냐며 한심하다는 표정을 짓는다. 그런 부모의 경우 대개 자신의 감정을 무시하며 살아왔을 가능성이 높다.

아이에게도 같은 맥락으로 그 상황을 버텨 내기를 기대한다. 그뿐이 아니라 '항상 감사하라'는 말로 그 명분을 강화하기까지 한다. 그런 부모의 아이는 더 이상 도망갈 구석이 없다. 오히려 부정 감정을 느끼는 자신을 자책하면서 그 감정을 억압한다. 마찬가지로 유년기에 지나치게 버거운 경험을 한 아이들도 감정을 억압하는 경우가 많다. 감정이 살아있으면 힘드니 느끼지 못하도록 저 밑바닥으로 눌러놓는 것이다.

나는 자라면서 집에서 마음껏 울지 못했던 것 같다. 초등학교 때, 나를 참 사랑해 주셨던 외할아버지가 돌아가셨는데도 눈물이 나오지 않았다. 장례식에 오신 어른들은 "할아버지가 얼마나 예뻐하셨는데 울지도 않네."라면서 의아해하셨다. 나중에 혼자 있게 되었을 때 비로소 울음이 터져 나왔다. 고등학생일 때도 샤워기를 크게 틀어 놓고 울었다. 우는 내 모습이 어색했고 내 눈물을 가족에게 보이고 싶지 않았다.

한 집안의 3대를 살펴보면 이해할 수 있는 일이 많다. 나의 외할머니는 몸이 많이 아프셨다. 물에 손을 담그기만 해도 퉁퉁 부었다고 한다. 그래서 어머니는 초등학생 시절부터 외할머니 대신 남동생 셋의 뒷바라지를 해야 했고, 가사 노동을 도맡다시피 했다. 강가 빨래터에서 작은 손으로 빨래를 할라치면 동네 어르신들이 "도대체 네 엄마는 어디 가고, 어린 네가 이 고생이냐."고 안타까워하셨다. 결국 살림하느라 고등학교도 겨우 졸업하셨다.

어머니가 창밖을 바라보다가 나지막이 읊조리신 적이 있다. "엄마가 왜 그러셨을까? 참 모를 일이야." 그리고 더 이상 말씀이 없으셨다. 어머니는 어린 나이에 감당해야 할 일을 하느라고 헌신과 희생의 아이콘이 되어 버렸으나 내면에서 일어나는 원망스러움, 부당함, 속상함, 분노 등의 부정 감정을 다루기에는 힘드셨을 것이다. 그 감정을 직면하기에는 너무 아팠을 테니까. 지금도 우리 집에 오시면 손자들이 싸우거나 우는 모습을 보는 것을 힘들어하신다. 아마 우리를 키우면서도 우리가 울거나 힘들어하는 부정 감정을 받아 내기가 쉽지 않으셨으리라 추측해 볼 수 있다.

그래서 그런지 나도 부정 감정을 억압하는 쪽이 편하다. 힘든 일이 있으면 감정을 사고로 전환하고 교훈을 찾아 얼른 정리해 버린다. 지금도 나는 슬픈 영화나 무서운 영화를 잘 보지 못한다. 겉으로는 돈 내고 뭐 하러 스트레스 받느냐고, 차라리 즐겁고 재미있는 영화를 보겠다고 말하지만, 속으로는 내가 이 감정들을 잘 다루지 못한다는 것을 이제는 알고 있다. 하여튼 영화는 선택하면 되고, 힘겨운 상황은 피하면 되지만 아이를 키우는 일은 그럴 수 없는 현실이었다.

첫째 아들은 순한 기질이어서 키우기 그리 힘들지 않았는데, 둘째는 유아기부터 뭔가 마음에 안 들면 머리를 땅에 찧거나 소리를 질러대곤 했다. 하루는 악을 쓰는 아이 앞에서 미칠 것 같다며 내가 더 크게 소리를 질렀다. "아이보다 당신이 더 시끄럽네."라고 한 남편의 한마디에 멋쩍게 웃기도 했었다.

둘째와는 한 번씩 날카롭게 부딪쳤지만 그 상황을 넘기면 다시 일상으로 돌아갔다. 그런데 셋째는 달라도 너무 달랐다. 매일 전쟁 같은 새로운 상황이 벌어지곤 했다. 셋째는 돌이 되기 전부터 하고 싶은 것이 많고 예민했다. 자기 전이면 늘 엄청난 소리를 지르며 울어 댔다. 이런 예민한 아기를 받아들이기가 너무나 힘들었다. 하지만 이런 이야기를 어디 가서 할 수도 없었고 조심스럽게 이야기를 꺼낼라치면 "아이 키우는 게 다 힘들지 뭐", "어린애가 뭘 안다고!"와 같은 이야기를 들었다.

누구에게도 이해받기 어려웠던 나는 '나쁜 엄마'라는 생각을 떨칠 수 없었다. 아이는 본능대로 자신의 욕구를 드러냈고, 그런 아이에게 주체할 수 없을 정도로 화가 났다. 어느 날, 아이를 이불 위로 집어던지고 나서 내가 미친 것 아닌가 싶은 생각이 들었다. 선한 사람은커녕 악마의 탈을 쓴 것만 같았고, 방에 CCTV가 달려 있다면 아동 학대로 고발될 것 같았다.

아무도 없는 방 안에서 나는 강자였고, 아이는 약자였다. 모든 일상이 엉망진창인 채 시간이 흘러갔고, 이러다가 큰일나겠다는 심정으로 상담자를 찾아 나섰다. 백만 원이 들어도 그 편이 나았다. 훗날 천만 원, 일억으로도 해결할 수 없는 상황이 오기 전에 막아야 했다.

감사하게도 훌륭한 상담자를 만났고 내 이야기를 꺼내기 시작했다. 상담실에 갈 때마다 비난받을 것 같은 두려운 마음이 앞섰고, 매 회기 상담이 끝나서 돌아올 때마다 생각할 지점이 너무 많아 멍한 상태가 지속되었다. 남편이 "당신은 돈을 쓰면서 멍해져서 돌아오네?"라고 할 정도였다.

상담이 진행될수록 지난 삶이 새롭게 해석되고 있었다. 사실 아이를 향한 분노는 어떤 일이든 인정받고 싶어서 열심히 살아왔던, 착한 아이의 가면으로 꾹 눌러 놓았던 내 인생에 대한 분노였다. 결혼 전 나는 컴퓨터 같은 기계가 잘 작동되지 않으면 이해되지 못할 만큼 화가 났는데(지금도 종종 그러하다), 그 이야기를 들으신 교수님께서 내가 사람에게 화내지 않기 때문에 억압된 분노가 물건에 표출되는 것일지 모른다고 해석해 주신 일이 있다. 억눌린 나에 비해 아이는 마음껏 욕구를 드러냈고, 아이가 예민하게 반응하는 모든 행동의 치다꺼리, 수많은 욕구의 시중은 모두 내 몫이었다.

의사 표현도 제대로 못하는 갓난아이와 엄마의 대립각이라고 할까.

아이의 욕구를 들어주자니 휘둘리는 것만 같고, 내버려 두자니 목청껏 울어 댔다. 그 울음소리가 얼마나 큰지 소리에 민감한 나는 스트레스가 이만저만이 아니었다. 우는 아이를 안아 주기도 싫었다.

아이에게 무슨 잘못이 있겠는가. 그에게도 욕구가 있으니 할 수 있는 방법으로 원하는 바를 표현하는 것인데, 문제는 나에게 있었다. 나 자신을 존중하기보다 남에게 좋은 사람으로 살아왔던 내 인생이 아이를 통해 내게 화살을 겨누고 있는 셈이었다.

깨달았다고 해서 갑자기 변하기는 어려웠다. 남편에게 도움을 요청했다. 아이에게 마구 잔소리를 하거나 화를 폭발하면서 때릴 태세이면 막아 달라는 부탁이었다. 아이들에게도 엄마가 지나치게 화를 내면 '엄마, 이러지 마세요!'라고 해 주면 좋겠다고 했다.

혼자의 힘으로 어려우니 가족의 도움을 받으며 나의 관성을 억제하는 수밖에 없었다. 시간이 지날수록 그토록 화나던 마음이 나 같은 엄마를 만나서 고생한다는 미안한 마음으로 바뀌었다. 부족한 엄마인데도 나를 사랑해 주는 아이가 눈물나도록 고마웠다. 부모가 아이를 많이 사랑하는 것 같지만 사실 아이들이 우리를 더 많이 사랑해 준다. 그리고 나는 아닌 것은 아니라고 말하고, 싫은 것은 싫다고 하면서 나를 존중하고 돌보는 훈련을 함께 해 나갔다.

지금도 여전히 하고 싶은 것도 많고, 갖고 싶은 것도 많은 셋째이다. 궁금한 것이 많아 말도 많고 주변 사람의 관심을 온통 자신에게 집중시키고 싶어 한다. 둘째는 동생에게 "너 관종이냐?"라고 직설을 날리기도 한다. 관종이면 어떻고 오지라퍼면 어떠랴. 좋은 리더가 되도록 방향성을 잡으면 되지 않을까. 어쩌면 나는 셋째와 닮은꼴인지도 모른다. 이제 아이를 믿어 주고, 하고 싶은 일을 지지해 주면서 어려움이 예상되는 지점을 조언하고, 한계를 알려 준 후 한발 물러서 응원하고 있다.

◇◇◇◇◇◇

예민한 아이와 적절한 관계 맺기

아침에 잠자리에서 일어나면서부터 짜증스러운 표정으로 입을 내밀고 제 방에서 나오는 아이가 있다. "아침부터 기분 나쁜 아이들이 있죠?" 하고 강의 때 부모님들께 물어보면 우리 집에도 그런 아이들이 있다며 여기저기서 고개를 끄덕이신다.

기본적으로 성향이 예민한 아이의 경우 부모의 책임감이 아이의 부정 감정으로 인해 건드려지면 '내가 아이에게 잘못했나?'라고 자책하면서 더 잘해 주려고 애쓰기도 한다. 아무리 부모가 노력해도 아이의 태도가 그다지 바뀌지 않으면 부모는 점점 화가 나기 마련이다. 이렇게까지 하는데 어째서 너는 변함없이 그 모양이냐고 야단치기도 한다.

이 경우 '아이를 쉽게 키워라'라는 조언이 도움이 될 것이다. 좋은 교구를 비싸게 구입하거나 고액의 사교육을 시키는 상황도 마찬가지다. 아이 양육에 많은 투자를 했는데 기껏 사다 놓은 교구 놀이는 하지도 않고, 열심히 공부하지 않으면 화가 나기 마련이다. 차라리 비싼 교구를 사 주거나 비용이 부담스러운 학원을 보내지 말고 아이와 좋은 관계를 맺는 것이 나을 것이다.

예민한 성향의 아이에게 지나치게 맞추는 것보다 적절한 거리에서 편안하게 관계를 맺는 것이 나을 수도 있다. 우리 집에도 일주일 중 절반은 입이 나온 채 잠자리에서 일어나는 아이가 있다. 아마 더 자고 싶은데 일어나야 해서 불만스러울 가능성이 많다. 밥도 느직느직 먹는 편이다. 몇 년간 그런 아이를 채근하면서 달래는 것이 스트레스였고, 아침 식사를 하는 중에 화가 폭발하기도 했다. 그러던 어느 날 아이에게 물었다.

"아침에 왜 짜증을 내는 거니? 엄마가 뭘 잘못하니?"

"아니요."

"그럼 아침부터 왜 짜증이야?"

"그냥요."

그냥이란다. 어이가 없다. 사실 아이 자신도 이해할 수 없기에 표현할 수 없는 감정의 소용돌이 속에 있는지도 모른다.

"엄마는 아침에 네가 짜증 나 있으면 뭘 잘못했나 싶고 뭘 더 해 주어야 하나 싶어서 마음이 무거워." 아무런 말이 없다. "그래서 말인데, 아침에 네가 짜증 나 있으면 엄마는 너를 그냥 두려고 하는데 그래도 될까? 그럼 엄마가 좀 편할 것 같아. 너는 엄마 때문에 짜증 내는 건 아니지만 나는 좀 힘들어서."

아이는 간단하게 "네, 그러세요."라고 했다. 그 이후로 아침 시간이 한결 편해졌다. 아이를 사랑스러운 눈길로 쳐다보는 것이 엄마로서 최선이겠지만 최선이 안 되면 최악이 되지 않으려는 차선의 선택이 필요한 것 같다. 그리고 아이의 기분이 좋을 때 함께 즐거운 시간을 가지는 것이 내게는 더 좋은 선택이었다.

아이에게 좋은 엄마가 되어 주려고 하는데 아이가 기대한 대로 움직여 주지 않으면 내 인생의 좌절 같아서 화가 나는 경우가 많다. 너무 좋은 엄마보다 적절한 엄마가 되기로 하자. 아이가 어릴 때는 인생의 대부분을 아이에게 갈아 넣어야 하겠지만(나는 그 시절에 창살 없는 감옥 같다는 생각을 했다), 아이가 클수록 의식적으로 내 삶과 아이의 삶을 점차 분리시켜야 한다.

아이가 한창 많이 울고 소리를 지르는 시기가 있다. 너무 힘들면 이어폰이라도 끼고 음악을 들으며 아이의 울음을 버텨 주는 것이 좋을 때가 있다. 맨정신으로 견디다가 아이에게 소리 지르며 폭발하는 것보다 낫다는 생각이다. '육아는 버티기, 사는 것도 버티기다'라는 말을 가끔 하곤 하는데, 아이들이 클 때는 정말 잘 버티는 것이 필요한 것 같다.

◇◇◇◇◇◇

감정과 행동 사이에는 공간이 있다

어떤 감정이 일어날 때 그 감정을 알아주면 자연스럽게 흘러간다. 이 과정을 '감정에 이름 붙이기'라고 할 수 있다. '아, 기쁘다', '어, 화나네' 하고 그냥 알아주는 것이다. 일단 알아주고 받아들이면 그 다음 반응을 결정할 수 있다.

『죽음의 수용소에서』의 저자이자 의미치료(logo therapy)의 주창자 빅터 프랭클(Viktor Frankl)은 자극과 반응 사이에 공간이 있고, 그 공간에는 반응을 선택할 자유와 힘이 있으며, 그 반응에 우리의 성장과 행복이 달려 있다고 했다.

대학 1학년 무렵, 리포트를 쓰려고 읽게 된 이 책은 내게 큰 충격을 주었다. 죽음의 공포로 가득한 아우슈비츠 수용소에 갇혀 있어도 스스로 상황과 반응을 결정할 수 있다는 명제를 어떻게 해석해야 하는가. 더 나아가 그곳에서 삶의 의미를 어떻게 찾는다는 말인가.

각자의 상황에 대입해 보자. 아이를 낳아서 기쁘기도 하지만 왜 이렇게 고생을 하고 있는지, 그래서 내 인생은 어디로 흘러가고 있는지, 배우자와의 갈등은 어떻게 해결해야 하는지, 어떻게 살아가야 하는지 질문이 꼬리에 꼬리를 물고 이어진다.

이때 상대와 상황에 대해 불평하거나 책임을 전가하는 것은 도움이 되지 않는다. 스스로 상황에 의미를 부여하고 어떻게 반응할지 주도적으로 결정해야 한다. 이는 '사건과 행동 사이에는 선택이 있다'는

사건(A)-선택(C)-행동(B)

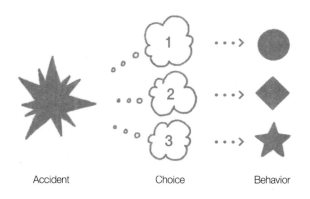

Accident   Choice   Behavior

A(Accident)-C(Choice)-B(Behavior)공식으로도 설명할 수 있다. 이렇게 이야기를 하면 감정과 행동을 떼어서 생각하기는 처음이라는 반응을 많이 듣게 된다.

부정 감정이 곧바로 좋지 않은 행동으로 이어지는 것은 아니다. 부모가 싸울 때마다 물건이 날아다니거나 폭력이 있었던 가정의 아이는 목소리가 조금이라도 높아지거나 갈등이 일어날 기미가 보이면 불안하다. 감정과 행동이 바로 이어질 것 같은 불안감이다.

이러한 잠재된 인식이 해결되지 않은 채 성인이 되어 사람들과 관계를 맺으면 의식적으로 상대방 비위를 맞추려 하고, 갈등 상황을 외면하거나 회피한다. 건강한 부부의 다툼은 당연한 것이다. 안 싸우는 것보다 잘 싸우는 것이 바람직하다. 그래서 싸움에는 규칙이 필요하다. 상대에게 깊은 상처가 되는 말은 절대 하지 않기, 폭력은 쓰지 않기, 너무 화가 나면 방에 들어가서 어느 정도 시간을 보내다가 나오기, 회피하지 않기, 화해를 원할 때는 어떤 신호를 보내기, 하고 싶은 말을 쓸 수 있는 화이트보드나 편지함 만들기 등이다. 무엇보다 배가 고프거나 피곤할 때 싸우면 국지전이 대전이 된다. 갈등이 문제가 아니라 갈등을 잘 해결하는 것이 성숙의 지표이다.

◇◇◇◇◇◇

어떤 상황에서 행복한가요?

감정을 어떻게 다룰지 이해했다면, 긍정 정서를 가진 아이로 어떻게 키울지 살펴보자. 어떤 상황에 대한 마음의 상태나 분위기가 일시적이라면 '감정'이라고 하고, 지속적이라면 '정서'라고 말할 수 있다. 컵의 반 정도 물이 차 있을 때, 어떤 사람은 '물이 반이나 있네!'라고 하고, 어떤 사람은 '물이 반밖에 없네!'라고 말한다. 전자와 같이 '물이 반이네 있네!'라고 한다면 현재 상황을 긍정적으로 받아들이는 긍정 정서를 가진 사람이다.

긍정 심리학의 창시자 마틴 셀리그만(Martin Seligman) 교수는 '학습된 무기력(learned helplessness)'을 보면서 왜 무기력만 학습되는가 하는 의문을 가졌다. 학습된 무기력이란 어린 코끼리의 발목을 말뚝에 단단히 묶어 놓고 도망가지 못하게 만들면, 훗날 덩치 큰 코끼리로 성장하여 말뚝을 망가뜨리고 벗어날 만도 한데 이미 무기력을 학습한 탓에 도망하려는 시도를 포기하는 것과 같이 피할 수 있거나 극복할 수 있음에도 불구하고 자포자기하는 것을 말한다. 그렇다면 무기력처럼 긍정성도 학습되리라고 기대할 수 있지 않을까.

서울대학교 행복연구센터 최인철 교수의 칼럼에도 같은 내용이 있다. 행복한 사람은 자신이 행복을 느끼는 때를 비교적 정확하게 아는 것에 비해, 스스로 불행하다고 느끼는 사람은 행복한 상황은 잘 떠올리지 못하는 반면 불행한 상황에 대해서는 정확하게 설명한다.

언제 행복한지를 알면 상황을 보다 주도적으로 이끌어 자신을 행복의 자리로 가져갈 수 있다. 내가 행복을 느끼는 상황은 수온이 적절한 목욕탕 속에 앉아 있을 때, 햇빛이 비치는 창가에서 라떼 한 잔에 시럽 한 펌프를 넣어 마시거나 식사 후 맛있는 초코 아이스크림을 먹을 때다. 아이들을 꼭 안을 때도, 막내의 머리 냄새나 발 냄새를 맡는 것도 좋다. 바다를 보거나 배를 타고 나가서 낚시를 하면 시간 가는 줄을 모르고, 나무가 많은 산책길을 걷고 꽃을 가꾸고 고양이를 만지는 시간도 나에겐 힐링의 시간이다.

그래서 나는 이사를 하고 나면 가장 먼저 동네 목욕탕을 탐색하고 마음에 드는 카페를 찾아낸다. 아이들의 포옹을 받으면 없던 힘이 나기도 한다. 실제로 몸에 엔도르핀이 도는 경험을 할 수 있다. 아이들은 팍팍한 세상에서의 위로이자 기쁨이다.

나만의 행복을 찾을 수 있는 상황을 10개 정도 알고 있다면 좋겠다. 그래야 힘들 때, 불행하다는 생각이 들 때 행복한 상황으로 나를 데리고 갈 수 있다.

아이도 다르지 않다. 어떤 상황에서 행복감을 느끼는지, 어떻게 해야 스트레스가 풀리는지 스스로 알고 있다면 긍정 정서를 가지기가 쉽다. 음악 듣기, 반신욕 하기, 치열하게 운동하기, 손으로 만들기, 노래 부르기 등 아이마다 좋아하는 상황이 있을 것이다.

아이들은 어떻게 놀면 행복한지, 그때가 언제인지 알아차리면서 나아가 자신이 누구인지 찾아간다. 우리 집 아이들의 패턴도 유사하다. 핸드폰에 최신 팝을 녹음하거나 바느질을 하고, 재활용품을 리폼해서 새롭게 만들고, 하루 종일 축구를 하기도 하고, 즐기는 브랜드의 치킨을 먹으며 행복해한다.

매일 빡빡한 스케줄을 소화해야 한다면 좋아하는 일을 하기가 어렵다. 편안하고 여유롭게 좋아하는 일에 몰입하기가 쉽지 않다.

비가 억수같이 쏟아지는 오후, 셋째 아들에게서 전화가 왔다.

"엄마, 오늘 학원 안 가면 안 돼?"

안 된다고 말하고 싶었지만 그 말을 삼키고 물었다.

"왜?"

"비가 와서 그냥 집에 가고 싶어."

"그래, 그럴 수 있지, 집에서 놀자."

"고마워, 엄마!"

나도 비 오는 날이면 느리게 보내고 싶을 때가 많다. 어디 가야 할 일이 있어도 잠시 미뤄 두고 집에서 김치전을 부쳐 먹으며 즐겁게 빈둥거리고 싶다. 이것이 바로 비 오는 날의 행복이 아닌가. 곧이어 아이는 신나서 집에 돌아왔고, 빗소리를 들으며 즐거운 시간을 함께 보냈다.

어떤 엄마는 한 달에 한 번 아이와 함께 신나게 노는 날을 정했다. 그날은 엄마도 월차를 쓰고 아이도 학교에 체험 학습 신청을 한 후 하루 종일 즐거워하는 일을 함께한다고 했다. 그날은 엄마와 아이 모두 행복하게 기억될 것이다.

우리 집은 겨울방학이면 핫초코와 만화책을 주문한다. 바깥 날씨가 추울수록 안온한 집안에서 따뜻한 핫초코를 호호 불어 가며 만화책을 보는 즐거움, 그 멋과 맛을 아이들이 기억하기를 원한다. 아이들의 기억 속에 우리 집이 핫초코처럼 달달하고 만화책만큼 즐거운 곳으로 떠오르면 좋겠다.

매일 일정한 시간의 놀이도 좋지만, 충분히 덩어리째 주어지는 몰

아이들의 기억 속에 우리 집이 달달한 핫초코 같고
만화책처럼 즐거운 곳으로 떠오르면 좋겠다.

입의 시간도 필요하다. 시카고 대학의 미하이 칙센트미하이(Mihaly Csikszentmihalyi) 교수는 행복한 삶을 누리는 사람들의 특징이 다른 어떤 일에도 관심이 없을 만큼 지금 하는 일에 푹 빠진 상태를 경험하는 것이라고 하면서, 그 상태를 '몰입(flow)'이라고 했다.

나도 일을 하다 보면 충분히 통으로 주어지는 시간이 있어야 정말 몰입해서 양질의 일을 진행하게 된다. 한두 시간 정도만 주어지면 제대로 성과가 나오지 않는다. 적어도 대여섯 시간은 주어져야 마음 놓고 일의 시동을 걸게 된다. 일의 시작 단계에서는 SNS도 하고 음악을 듣기도 하지만 진짜 몰입하게 되면 어떻게 시간이 흐르는 줄도 모르게 일을 하고 음악 소리도 들리지 않는다.

이러한 경험이 몰입의 진수인데, 아이도 마찬가지로 놀이에서 몰입을 경험할 수 있다. 아이가 정신없이 시간 가는 줄 모르게 놀고 있다면 그 흐름을 끊지 말고 내버려 두는 것이 좋다(물론 자야 할 시간에는 자야 한다).

나는 아이들이 자연에서 그렇게 노는 모습을 보는 것이 참 기쁘다. 아이들이 신나게 논 후 옷을 더럽혀 오는 것은 환영해야 할 일이다. 계절을 가리지 않고 바다로 뛰어드는 우리 아이들을 보고 한 친구가 정말 하드코어로 논다고 이야기 한 적이 있다. 그 말이 내게는 아이들의 생명력에 대한 칭찬으로 들린다. 잘 노는 아이가 공부도, 일도 잘 하지 않을까 싶다. 몰입의 느낌이 무엇인지, 그 과정이 어떠한지를 알기 때문이다.

◇◇◇◇◇◇

강점을 칭찬하고 감사하는 긍정성 훈련

앞에서 자존감을 키우는 '칭찬'을 언급했는데, 긍정성을 키우려면 아이의 고유한 강점을 찾아 칭찬하는 것도 하나의 방법이다. '착하네', '예쁘구나' 같은 두루뭉술한 칭찬도 좋겠지만, 아이만의 고유한 강점을 찾아서 구체적으로 칭찬하면 더 좋겠다.

"친구들이 널 잘 따르는 것을 보니 리더십이 뛰어나구나."

"방 정리를 참 잘하네. 무슨 일을 하든지 책임감 있게 잘하겠어."

"말하는 것을 좋아하는구나? 친구들하고도 잘 소통하면서 지낼 수 있겠구나."

"손으로 만드는 재능이 뛰어나네. 오, 창의적이야."

아이들에게 부모는 거울 같은 존재이다. 부모의 거울로 아이들의 모습을 비춰 줄 때 한 가지 주의할 점은 거울이 잘 닦여 있어야 한다는 것이다. 아이에게 정말 칭찬할 것이 없다고 생각된다면 이렇게 말하면 된다.

"넌 커서 뭐라도 되겠다."

초등 자녀와의 관계로 인해 힘든 어머니와 상담한 적이 있다. 아이가 편의점에서 물건을 사려고 오래 서 있는 것도 마음에 안 들고, 동생들에게 세세하게 간섭하는 것도 마음에 안 든다고 했다. '아이의 좋은 점을 열 가지 적어 오세요'라는 과제를 드리고 일주일 후 다시 만났다.

"아이의 좋은 점 10개 적어 오셨어요?"

"네, 선생님. 적긴 했는데요."

"적으시면서 마음이 어떠셨어요?"

어머니의 표정이 불편해 보인다. "사실은… 장점이라고 적었지만 제 눈에는 그것도 다 단점으로 보여요."라고 하는 것이 아닌가. 어머니도 얼마나 힘들까 싶었다. 아이도 엄마가 자기를 어떻게 생각하는지 느끼기 때문에 사랑받으려 더 엄마에게 집착할 것이고, 엄마는 동생들도 챙겨야 하기에 이 아이가 버거운 존재일 수밖에 없을 것이다.

"어머니, 얼마나 힘드신지 알겠습니다. 어머님도 아이도 다 힘들 거예요. 그럼 아이는 스트레스를 어떻게 풀고 있나요?"

순간 정적이 흘렀고 어머니의 눈에는 눈물이 그렁그렁해졌다. 아이가 어떻게 스트레스를 풀고 있는지 한 번도 생각해 보지 못했다면서 마음이 무너지는 듯한 표정이었다. 이 질문이 충격이었다고 고백하는 엄마는 자신이 힘든 만큼 아이의 마음도 함께 생각하게 된 것이다.

아이가 초등학교 3학년 때 내게 말했다.

"엄마, 나는 나쁜 아이 같아."

"왜? 왜 그런 생각을 해?"

"맨날 동생이랑 싸우잖아."

순간 어떻게 답해야 할지 당황스러웠다. 실제로 동생과 걸핏하면 싸워서 내심 고민이 많았던 차였다. 그때 이런 대답이 떠올랐다.

"엄마가 보기에 너는 강한 아이란다. 강해서 동생하고도 많이 싸우지. 그 강함이 꼭 필요한 데 쓰이면 정말 멋질 것 같아. 세상엔 싸워야 할 일이 많단다. 네가 정말 도움이 필요한 사람들을 위해 싸워 준다면 참 좋겠지."

아이의 표정이 환히 밝아졌고, 내 마음도 평안해졌다. 모든 일에는 양면이 공존한다. 아이들의 강점과 약점은 동전의 양면처럼 붙어 있다. 의식적으로 아이의 강점을 더 찾아서 칭찬하기를 연습하자. 아이를 잘 관찰하면서 생각이나 마음에 담고 있지만 말고, 사랑하는 마음으로 말해 주자. 아이는 말해 주지 않으면 모른다.

아이와 함께 감사 일기를 쓰거나 잠자리에 들기 전 감사한 일을 나누는 시간을 갖는 것도 긍정성 훈련에 도움이 된다.

우리 집 아이들이 어릴 때는 잠자기 전 돌아가면서 하루 동안 감사한 일을 나누곤 했다. 막내는 "친구 ○○와 잘 놀아서 감사합니다."라고 매일 같은 아이를 등장시켜 모두를 웃게 하기도 했다. 감사한 일을 나누는 것을 잊으면 "엄마, 오늘 우리 감사 나누기 해야죠." 하고 아이들이 깨우쳐 주기도 했다.

이제 아이들이 초등학생, 고등학생이 되니 가족회의 시간에 감사한 일을 돌아가면서 나누고 서로 칭찬하기도 한다. 가끔 칭찬할 거리가 없어서 서로 덜 싸운 것을 칭찬하고 감사하기도 하는데, 이렇게 감사를 찾아가는 시간이 참 즐겁다. 감사하는 습관에 익숙한 아이들이 그렇지 않은 아이들보다 더 행복하게 살아가지 않을까 싶다.

긍정적인 아이로
키우려면?

1. 감정 단어들을 이용하여 자녀와 대화해 볼까요. "너는 오늘 마음이 어땠니?"라고 물어보세요. 나는 오늘 이런 마음이 들었다고 이야기를 시작해도 좋아요.

감정 단어 목록

긍정 감정
마음이 가벼운, 뭉클한, 안심이 되는, 편안한, 흐뭇한, 고마운, 뿌듯한, 자랑스러운, 평온한, 흥미로운, 기쁜, 생기가 도는, 평화로운, 희망에 찬, 든든한, 신나는, 홀가분한, 힘이 솟는

부정 감정
걱정되는, 난처한, 불편한, 외로운, 지루한, 괴로운, 답답한, 슬픈, 우울한, 짜증나는, 꺼림칙한, 당혹스러운, 실망스러운, 절망적인, 혼란스러운, 낙담한, 두려운, 아쉬운, 조바심 나는, 화나는

PART 3

관계를 잘 맺는 아이

공감, 협상, 요청하기를 중심으로

"엄마, 저는 어디 가든지 친구 사귀는 것에 자신 있어요. 걱정하지 마세요."

아들의 말이었다. 이 말을 듣는 순간 '아 다행이다' 하는 안도감이 들었다. 관계에 그다지 관심이 없는 아이였다고 생각했는데 나름대로 자신의 강점을 매력적으로 드러내면서 살아갈 줄 아는구나 싶었다.

관계를 잘 맺는 아이는 타인을 공감하고, 자신의 의견과 상대의 의견이 부딪칠 때 서로 만족하도록 협상하며, 어른에게 자신이 원하는 바를 정중하게 요청하는 아이다.

◇◇◇◇◇◇

부모의 틀을 내려놓고 공감하기

동감과 공감은 다르다. 동감(sympathy)은 상대와 같은 감정과 생각을 가지는 것이다. 그러니 상대가 나와 다른 감정과 생각을 가진다면 동감이 되지 않는 것이다. 그러나 공감(empathy)은 상대가 세상을 보는 방식으로 세상을 보는 것이다.

처음 상담자 훈련을 받을 때 '너의 틀을 내려놓고 그의 틀로 세상을 보아라', '상대에 대한 진정한 호기심을 가져라'라고 가르쳐주신 교수님의 말씀이 잊히지 않는다. 내 앞의 그 사람에 대해 궁금한지 내 마음을 살펴본 다음 그의 틀로 그의 상황을 보려고 한다면 그제서야 상대방에 대한 진정한 이해가 시작되는 것이다.

따라서 공감은 상당히 인지적인 작업이다. 상대의 말에 따라 적절하게 그의 마음과 생각을 반영하여 반응하는 것도 중요하나 더 중요한 것은 판단하고 조언하지 않는 것이다. 상대방의 마음과 상황을 잘 모른 채 하는 모든 말은 섣부른 판단과 조언이다. '소금과 조언은 상대가 원할 때만 주어라'는 서양 속담도 있듯이, 조언은 상대가 듣고자 할 때만 효과가 있다. 그래서 공감을 하려면 상대를 먼저 알아야 하고, 상대가 처한 상황이 어떠한지 질문하는 것이 필요하다. 모르면 섣불리 추측하지 말고 물어보자.

"아빠, 잠자리에 드는 시간이 너무 빨라요. 좀 더 늦게 자고 싶어요."라고 아이가 제안했다면, 이런 생각이 뒤따라올 가능성이 높다. '성장 호르몬은 9시부터 나온다는데, 키가 안 크면 어떡하지, 안 된다고 해야 하나' 또는 '늦게 잠들면 그 다음 날 힘들어서 안 되는데'와 같은 생각들 말이다. 여기서 부모가 안 되는 것으로 결론을 내렸다면 부모의 논리대로 아이를 설득하려 들기가 쉽다.

"얘야, 일찍 자야 키가 큰단다."

"엄마 아빠 키가 작잖아, 이렇게 작아지고 싶어?"

"성장 호르몬이 나오는 시간에는 무조건 자는 게 좋단다."

"늦게 자면 그 다음 날 공부가 제대로 되겠니?"

이렇게 대화가 흘러가면 아이는 어떤 생각을 할까? 아마 '앞으로 부모님에게 내 생각을 말하지 말아야겠어', '내 생각을 들으려고 하지도 않아', '아휴, 잔소리는 이제 그만!'이라고 생각하지 않을까 싶다.

공감(empathy)은 상대가 세상을 보는 방식으로 세상을 보는 것이다.
나의 틀, 나의 안경을 내려놓고 상대의 안경을 써야 한다.

아이가 어떤 제안을 할 때는 부모의 판단과 조언을 먼저 말하기보다 아이의 생각을 좀 더 자세히 물어야 한다. 부모에게 의견을 제시하는 것도 용기를 냈을 텐데 '왜 그런 생각을 하냐'는 등 꾸중하는 톤으로 대꾸하지 말자. 진정성 있게 질문하자. 그렇다면 아이와 이렇게 대화하는 것은 어떨까.

"아빠, 잠자리 드는 시간이 너무 빨라요. 좀 더 늦게 자고 싶어요."
(잠시 나의 생각과 판단을 내려놓는다. 심호흡을 해도 좋다)
"그래? 왜 그런 생각을 했는지 궁금하네."
"저녁 시간에 하고 싶은 일이 많아서요."
(아이의 생각을 알고자 하는 진정한 호기심을 가지고 또 묻는다)
"그렇구나. 어떤 일을 하고 싶니?"

이처럼 대화가 진행된다면 아이는 부모에게 그 이유를 풀어놓을 것이다. 제안할 때는 여러 생각이 있었을 테니까. 이를테면 만화책을 더 보고 싶어서, 누워도 잠이 안 와서, 종이접기를 하고 싶어서, 좋아하는 노래를 듣고 싶어서 등 이유는 다양할 수 있다.

아이의 말을 충분히 듣자. '내게 관심이 있구나, 내 말을 듣고자 하는구나'라고 아이가 느끼는 것이 중요하다.

충분히 듣고 공감한 후 질문한다면, 아이는 부모와 마찬가지로 부모의 생각을 귀담아듣는다. 자신의 의견을 존중받고 공감받은 아이에게 불편한 감정이 끼어들 리 없다. 이러한 부모와의 대화를 경험하는 아이는 친구들과의 관계에서도 공감력이 높다.

◇◇◇◇◇◇

가족회의를 시작합시다

공감한 후에는 서로 의견 차이를 좁히는 협상의 단계로 들어가야
한다. 저녁 시간에 하고 싶은 것이 있다는 아이, 밤늦게 잠이 들면 키도
크지 않고, 그 다음 날 학습에 영향을 줄 수 있다는 부모. 그 사이의 간
극을 좁히고 서로 만족할 만한 결론으로 이끌어야 한다.

"네가 좀 더 늦게 잠들기를 원하는 이유를 잘 알겠다. 그래, 그럴 수
있어. 그런데 아빠는 네 키가 안 클까봐 걱정이 되고, 다음 날 학습에
방해가 될 것만 같구나. 네 생각은 어떠니?"

여기서 핵심은 아빠의 걱정되는 속마음을 드러내는 것과, 아이의
의견을 묻는 것이다. '네 생각은 어떠니?'라고 물으며 아이에게 선택과
책임의 공을 던지는 것이다. 그래야 아이도 부모의 판단에 의존하며
Yes 또는 No를 기다리는 것이 아니라 스스로 결정하게 된다.

결정 과정에 참여하지 못하고 부모의 말을 일방적으로 들어야만 하
는 집에서는 '엄마가 그러라고 했잖아요', '아빠가 하지 말라면서요'라는
불평이 많아진다. 부모가 결정하고, 아이는 불평하는 패턴이 협상하는
과정보다 당장은 쉬울 수 있으나 결국 아이는 불평하는 태도를 몸에 지
니게 되고 부모와의 관계는 나빠지게 된다.

어떠한 협상이든 그 과정은 머리가 아프고 시간이 걸린다. 그러나

아이가 자랄수록 서로의 의견을 존중하면서 가장 좋은 안을 도출해 나가는 과정은 꼭 필요하다.

"자러 들어가는 시간이 9시인데 11시로 늦추면 좋겠습니다."

"아들아, 11시 너무 늦다, 10시 어때?"

"10시 반! 10시 반으로 해요."

"좋아. 그런데 아침 7시 30분에 못 일어나면 10시로 앞당기는 거다."

"넵. 그렇게 하겠습니다."

"시계 기상 알람을 맞추고, 제 시간에 스스로 일어나는 걸로."

협상의 마무리는 약속이 잘 지켜지지 않을 경우 어떻게 책임질지 함께 논의하여 정하는 것이다. 이렇게 협상한 후, 협상안이 잘 지켜진다면 계속 유지하고 잘 지켜지지 않으면 다시 조정하면 된다.

아이들이 초등학생이 되면 가족회의를 본격적으로 시작할 수 있다. 가족회의란 가족 구성원이 의견을 표현할 수 있는 장이다. 규칙은 하나. 물파스나 딱풀 같은 것으로 토킹 스틱(talking stick, 발언 막대기)을 정하고 그 스틱을 들고 있는 사람만이 이야기할 수 있는 것이다.

이러한 규칙이 있어야 서로 다른 의견으로 논쟁하다가 자칫 따지고 비난하고 다투는 분위기로 바뀌는 것과 강자인 부모가 아이들에게 압력을 넣는 것을 방지할 수 있다.

가족회의 중에 진풍경이 벌어지기도 한다. 첫째가 의견을 말할 때 기다리지 못하고 둘째가 끼어들고, 그 다음에 할 말이 있다고 셋째는 아예 손을 치켜들고 있다. 그래서 비록 물파스나 딱풀이지만 그것이 발언권을 유지한다는 상징성은 중요하다. 내 의견을 비난받지 않고 이야기하고, 협상할 수 있는 안전한 장인 것이다. 그래야 부모에게 생떼를 부리거나 꾀를 내어 조종하는 일이 줄어든다.

아이는 본능적으로 아빠와 엄마 중 자신의 말을 더 들어주는 사람에게 더 요구한다. 때로는 부모 사이를 오가면서 자신의 필요를 챙긴다. 물론 이 과정에서 아이가 정치적 감각을 키울 수도 있겠지만, 모두가 함께 모인 자리에서 서로의 의견을 함께 나누는 것이 더 낫다.

가족회의를 매주 정해서 할 필요는 없다. 가족 구성원에게 안건이 있을 때 회의하면 된다. 우리 집은 '우리 언제 가족회의 해요?'라고 누구든지 질문한다면 가족회의가 필요하다는 것이고, 대개 주말 저녁에 회의를 하는 편이다.

회의 소집하기 전에 미리 할 얘기를 생각해 오고, 회의 중에 말하지 않았으면서 뒤에서 불평하는 것은 들어주지 않겠다고 전제한다. 그래야 진지하게 준비해서 자신의 의견을 설명하고 설득할 줄 알게 된다.

4년 전인가 보다. 첫 가족회의가 생각난다. 안건은 두 가지였다. '주말 영상 시청과 게임 시간 논의'와 '욕하지 않기'에 관해서였다. 금지어를 'F, SB, SSK, SK'라고 표기했던 것을 보면 그 당시 이 안건이 상당히 어려웠다는 것을 알 수 있다. 이제 이러한 문제는 더 이상 거론되지 않는다. 대부분 해결되었다는 뜻이다.

가족회의에 익숙해질수록 어떤 날은 10개가 넘는 안건을 나누다 보면 한 시간이 지나곤 해서, 기다림에 지친 막내는 잠들기도 했다. 한동안 꽤 자주 회의를 해야 했으나 어느덧 어지간한 문제들이 많이 해소되고 안정되어 예전보다 회의 횟수가 꽤 줄었다.

방학이 시작되면 어김없이 회의가 열린다. 방학 때 무엇을 하고 싶은지 무엇을 먹고 싶은지 희망사항을 들어 보고 실행에 옮기기 위해서이다. 공부 시간표도 짜고 집안일을 어떻게 담당할지 다시 정한다. 개학을 하면 또 회의를 해야 한다.

둘째가 4학년 때였을 것이다. 회의하던 장면이 기억에 남아 있다. "고양이를 키우고 싶습니다."라고 아들이 제안하자 우리 부부는 난색을 표했다. "고양이라? 어, 이건 좀 어려운 안건인데." 그러자 아들은 주머니 속에서 폰을 꺼내더니 녹음 파일을 들려주기 시작했다.

"저는 고양이를 키우는 것에 찬성합니다."

"저도 고양이를 키우고 싶습니다."

"고양이, 좋아요."

이미 형제들이 의기투합한 상황이었다. 둘째가 형제들을 설득해서 찬성한다는 의견을 녹음해 놓았다. 치밀한 녀석이었다. 남편과 나는 고양이를 좋아하지만 키우는 것은 자신이 없어 곤혹스러웠다.

고민 끝에 이 안건은 좀 짚어 봐야 할 내용이 있으니 유보하자고 임시 결론을 냈다. 그런데 다음 날 하필 둘째가 고양이를 키우는 친구 집에 놀러갔다가 고양이 알러지로 고생을 하게 되었다. 이런 상황에 고양이를 키울 수는 없는 노릇이지 않은가. 안건은 아이들이 자진해서 취소

했다.

　얼마나 다행이었는지 모른다. 지나고 나서 '고양이 안건'이 기특했던 것은 아이가 자신의 의견을 관철시키기 위해 형제들을 설득하고 녹음해서 부모에게 제시했다는 점이다. 인생 잘 살겠구나 싶었다.

　협상은 서로 만족하는 것이 중요하다. 승승(win-win)해야 하는 것이다. 그런데 아이들은 너도 죽고 나도 죽는 패패(lose-lose)를 선택하는 경우가 많다. 짜증나서 나도 안 할 테니 쟤도 못하게 하라는 것이다. 이 것은 가장 쉬운 방식이긴 하나, 모두에게 이익이 되지 않는 방식이다. 그럴 때 아이가 패패의 방법을 선택했다는 점을 알려 주고, 나도 이기고 너도 이기는 승승의 방법을 택하도록 격려하면 좋겠다.

　인생은 협상의 연속이다. 부모 말을 무조건 듣거나 혹은 반항하기만 했던 아이, 협상에 익숙하지 않은 아이가 어른이 되면 어떻게 할 것인가. 상사 또는 타인이 하자는 대로 하거나 마음에 안 든다고 때려치울 가능성이 높다. 모 아니면 도만 있는 것이 아닌데 말이다.

◇◇◇◇◇◇

불평 대신 정중하게 요청하기

　협상 시 아이가 부모에게 의견을 정중하게 요청할 수 있으면 좋은 시작이다. 물론 부모가 아이에게 의견을 제시할 때도 존중은 기본이다.

　예를 들어 보자. 아이가 레고 놀이를 밤 9시에 마치기로 약속했는데,

정해진 시간까지 아이가 원하는 레고 만들기가 완성되지 않은 상태였다. 부모가 "9시다, 이제 그만해야지."라고 했다고 하자. 아이는 짜증이 나서 "에이씨, 아직 못 끝냈단 말이야!"라고 대꾸할 확률이 높다. 이럴 때 '우리 애가 할 말을 다 하는구나'라고 기특해할 부모는 없을 것이다. 이런 경우 대뜸 꾸중을 하기가 십상이다. "너, 말버릇이 그게 뭐야!"라든가 "9시까지 하기로 약속했으면 지켜야지. 얼른 치워!"라고 반응한다.

부모를 자극한 것은 아이의 짜증 섞인 태도이다. 아이의 머릿속에는 정중하게 요청하는 문장이 아예 없었는지도 모른다. 이 경우 부모가 아이에게 이런 상황에서 할 말을 가르쳐주면 좋다.

"철수야, 그렇게 말하면 엄마 기분이 좋지 않아. 이렇게 말하면 좋겠어. '레고를 9시에 끝내려고 했는데 시간이 더 필요해요' 이렇게 말이야."

"엄마, 시간이 더 필요해요. 따라해 볼래?"

"엄마, 시간을 좀 더 주세요."

"그렇지, 그렇게 말하니까 좋네. 시간이 얼마나 필요하겠니?"

"15분이요."

"그래. 그런데 15분 후에도 레고가 완성이 안 되면 어쩌지?"

"그러면 한쪽으로 치워 두었다가 내일 만들게요."

"오케이, 그렇게 하자."

어른에게 정중하게 요청할 줄 안다는 것은 인생에서 정말 중요한 것을 배우는 것이다.

우리 집 공부 시간은 저녁 7시다. 학교에 다녀왔는데 바로 숙제하고 놀라고 하는 것은 아이들에게는 힘든 일이다. 이제까지 공부하고 왔는데 간식도 먹고 놀기도 하면서 쉬어야 하지 않을까. 7시라는 시간도 가족회의를 거쳐 통과된 시간이니, 아이들은 군말 없이 공부할 것을 가지고 방으로 모여든다. '조금씩 그러나 꾸준히'가 우리 부부의 모토이다. 그리고 아이들이 자기 주도적 공부 습관을 가지도록 지도하는 것은 주로 남편의 역할이다.

저녁에 집에 돌아오니 남편은 화가 나 있고, 셋째도 입이 나와 있다. 상황 파악을 해 보니 영어 듣기를 하다가 셋째가 힘이 들었는지 "아빠랑 영어 하는 게 제일 싫어!"라고 했고, 남편은 퇴근하고 돌아와서 나름 힘들게 시간을 내는데 불평하는 소리를 들었으니 화가 난 것이다. "당신도 속상했겠다." 남편을 토닥이고 아이를 따로 불렀다.

"매일 영어 공부하는 것이 쉽지 않지? 그렇지만 그렇게 불평하면 아빠도 속상하겠지. 아빠한테 네가 원하는 것을 요청하면 어때? 예를 들어서 '이 부분이 좀 힘들어요, 시간을 조금만 줄여 주세요'라고 말이야." 아이는 이해했고, 아빠에게 가서 공부 시간에 대해 정중히 요청했다. 아이의 태도에 남편도 마음이 풀렸고, 서로 협의해서 시간을 조절했다.

우리 아이들이 다니던 초등학교 교장 선생님은 운동장에서 아이들이 뛰어노는 것을 싫어하셨다. 농구장 가까이 차들이 세워져 있어서 위험하기도 했고, 행여 다치기라도 할까 봐 어서 집에 가라고 성화였다.

당시 6학년이었던 아들은 농구에 재미를 붙여서, 방과 후에 대여섯 명의 친구들과 함께 주차 차량들을 피해 한 시간씩 농구를 하곤 했다.

그 모습을 보게 된 교장 선생님이 얼른 가라고 하셨던 모양이다. 아들은 교장 선생님에게 우리는 어디에서 농구를 해야 하는지, 또 왜 여기서 농구를 하면 안 되는지 설명해 달라고 요청했다고 한다.

이 말을 듣는 순간 요청할 수 있는 아이로 자랐구나 싶었다. 교장 선생님의 말씀이라고 해서 무조건 듣지 않고, 부당하게 여겨지는 점을 질문하지 않았는가. 공격적이거나 비난하지 않으면서 자신의 의견을 충분히 전달한 것 같아 기특했다. 이 점이 중요하다고 말해 주고, 다음에도 그런 경우가 있으면 이번처럼 정중하게 네 의견을 말할 수 있어야 한다고 아들을 격려해 주었다.

◇◇◇◇◇◇

오조 오억 번 싸우는 아이들, 어떡할까요?

형제들끼리 공감하고 협상하거나 요청하는 일이 잘 이루어지려면 꽤 오랜 시간이 걸린다. 한 아이만 있을 때는 편한데 둘이 같이 있으면 싸우는 통에 힘들다는 부모님들이 많다.

우리 집도 큰애 외에 형제 셋이 어찌나 투덕거리며 싸우는지 늘 머리가 아플 지경이었다. 아무래도 큰애는 나이 차도 있고 덩치가 커 동생들이 함부로 덤비지는 못했다. 오히려 큰형과 같이 있으려고 서로 눈치 게임을 하고, 큰형의 관심과 사랑을 원하는 구도가 형성되기도 했다.

형제들이 싸우는 광경을 유심히 보면 특기가 놀리기, 취미가 시비 걸기인 아이가 있다. 동생이 징징거리면 재미있어 하고 더 괴롭힌다.

이런 아이는 "네가 이렇게 괴롭히면 동생은 어떤 마음이겠니?", "너에게 이런 상황이 벌어지면 어떨지 생각해 봐."라고 말한다고 해도 영향을 잘 받지 않는다. 이런 아이 머릿속에는 상대를 공감하는 회로 자체가 없는 게 아닌가 의심스러울 정도이다.

길이 없다면 만들고 닦아야 한다. 지속적으로 공감하기를 연습하면서 상대의 입장을 배려하도록 반복시키고(수천 번 수만 번 해야 한다), 한편으로는 그런 행동의 동기가 무엇인지 찾기 위해 질문할 필요가 있다. 질문을 통해 그 아이 스스로 자신의 마음을 돌아보게 해야 한다.

어떠한 말과 행동이든 그 동기에는 사랑이 있어야 한다고 가르치는 것이 핵심이다. 사랑으로 하는 말과 그렇지 않은 말은 얼핏 별 차이가 없는 듯하지만 시간이 갈수록 그 차이가 커진다는 것을 알아야 한다.

"네가 강아지 두 마리를 키운다고 상상해 봐. 한 마리는 검은 강아지, 한 마리는 하얀 강아지야. 두 마리가 싸우면 누가 이길까?"

"검은 강아지? 아니 하얀 강아지인가? 누가 이겨, 엄마?"

"네가 밥을 잘 주는 쪽이 이기는 거야. 그 강아지가 힘이 세니까."

두 마리 강아지 중에 어떤 강아지에게 밥을 더 주느냐는 아이의 선택이다. 때로는 아이에게 이렇게 말하곤 했다.

"네가 말이나 힘으로나 상대를 이길 수 있을지 몰라. 동생들이 너를 당해 내겠니. 그렇지만 멋진 사람은 자기 자신을 이기는 사람이야. 나는 네가 너를 이겼으면 좋겠어."

처음에 들을 때는 엄마의 말에 시큰둥하다가 시간이 지나면서 아이의 눈빛과 행동이 달라지는 것을 볼 수 있었다. 불필요한 독기가 빠진

다고 할까. 부모의 노력이 밑 빠진 독에 물 붓기 같겠지만 사실은 콩나
물시루 같아서 물을 주면 준 대로 모두 빠져나가는 것 같아도 아이는
자라는 것이다.

　나는 30대에 4년간 아프리카 모로코에 살았다. 그곳에서 앞집 파티
마네와 친하게 지냈는데, 파티마는 초등학교 저학년 딸아이 하나를 키
우고 있었다. 우리 동네 아이들에게 장난감이나 문구류는 아주 귀해서
거의 가지고 있는 아이들이 없었고, 주로 TV를 보며 시간을 보냈다. 그
래서 우리 집에 놀러오면 색연필 그림도 그리고 인형 놀이도 할 수 있
어서 무척 좋아했다.
　그러던 어느 날 예쁜 모양의 펜 하나가 없어졌고, 파티마네 집에 놀
러갔다가 그 펜을 발견하게 되었다. 큰아들이 "어? 이거 우리 거네!"라고
하자 파티마가 그 자리에서 바로 딸아이의 뺨을 힘껏 때리는 것이 아닌
가. 나는 너무 당황했고 얼른 괜찮다고 하면서 상황을 무마시켰다.
　파티마는 외국인인 우리에게 미안하고 무안해서 그랬겠지만 한동
안 그 집 딸아이가 마음에 걸렸다. 사람들 앞에서 아이의 잘못을 혼내
고, 비아냥거린다거나 소리를 질러 수치스럽게 한다고 해서 배울 것이
라 생각하면 오산이다. 그렇게 해서는 아무것도 얻을 수 없다. 당장 행
동의 변화가 있을지라도 아이 내면에 분노가 자라게 되고, 진정한 행동
의 변화는 일으키지 못하는 것이다.
　동생 앞에서 형에게 "동생이 형보다 낫네. 네가 좀 보고 배워라."라
고 한다면 어떻겠는가. "하나님, 우리 아이가 동생을 때리지 않게 해 주

부모의 노력이 밑 빠진 독에 물 붓기 같겠지만 사실은 콩나물시루 같아서
물을 주면 준 대로 모두 빠져나가는 것 같아도 아이는 자라는 것이다.

세요.", "하나님, 아이가 반성하게 해 주세요."라고 한다면 다른 대상을 빌어 부모가 하고 싶은 말을 아이에게 하는 것이다. 아이를 비난하지 않으면서 어떻게 행동하는 것이 좋은지 직접 말하는 게 가장 좋다.

아이가 둘 이상이라면 부모는 매일 솔로몬의 재판을 해야 할 상황이 벌어진다. 여기서 중요한 것은 아이들은 각자 주관적 진실을 말한다는 것이다. 아이들이 정확하게 객관적 진실을 이야기하길 기대해서는 안 된다.

스무 살 즈음, 작은 아버지 가족과 거제도에 놀러갔었다. 작은 아버지 댁은 아이가 넷이었는데 그 당시 유치원, 초등학생이었다. 바닷가에서 잘 놀고 숙소로 들어온 지 얼마 지나지 않았을 것이다. 쨍그랑! 무언가 크게 깨지는 소리가 들렸다. 모두들 깜짝 놀라 뛰어 들어가자 장식용 유리 테이블이 넘어져서 깨져 있었다.

그때 아이들이 동시에 "저는 안 그랬어요!"라고 외치는 것이 아닌가. 사건이 일어났는데 범인은 아무도 없었다. 기가 막힐 노릇이었다. 작은 아버지는 일단 아이들을 모두 밖으로 내보낸 다음 유리 조각들을 치우셨다. 그 다음 어떤 일이 있었을까? 아이들을 모두 불러 모은 다음 다치지 않아서 다행이고 앞으로 위험한 행동은 조심하라는 말씀을 하셨다. 범인이 누구인지 추궁해서 밝히려고 하지 않았다.

그 일은 내게 크게 각인되었다. 배워야 할 것은 안전하게 노는 법이지 누가 테이블을 깨뜨렸는지는 중요하지 않은 것이다. 이미 벌어진 일이니 말이다. 경우에 따라 사실을 파악해 옳고 그름을 가려야 할 때도 있겠지만, 이 상황에서는 안전을 가르치는 편이 나았다고 생각한다.

아이가 주관적 진실을 이야기하는 것을 거짓말을 한다고도 볼 수 있다. 아이가 거짓말을 할 때 어떤 부모는 세 살 버릇 여든까지 간다는 말을 떠올리며 무섭게 야단친다. 그러나 모든 아이는 거짓말을 한다는 것을 전제로 두면 실망감이 덜하다. 부모가 무서운 경우 거짓말이 늘어난다. 믿어야 할지, 의심해야 할지가 고민되는 상황이라면 일단 믿어 주는 것이 낫다. 대부분의 거짓말은 결국 드러나게 되어있다. 그때가 부모의 실망스럽고 속상한 마음을 전하고 다시 가르칠 타이밍이다.

◇◇◇◇◇◇

고자질 하는 아이, 편애하는 부모

동생이나 형의 행동을 자주 부모에게 고자질하는 아이도 있다. "엄마, 누나가 놀렸어.", "아빠, 쟤가 내 장난감 망가뜨렸어."라고 하는 것이다. 이런 아이에게 부모는 두 가지 마음을 느낄 수 있다. 하나는 '뭘 그런 걸 고자질하고 그러냐' 하고 짜증이 나면서도, 아이가 말한 내용이 부모가 궁금해 하던 차였다면 은근히 반가울 수도 있다.

좀 더 나아가 아이를 관찰자로 내세워 부모가 모르는 사실을 고자질하게 하는 경우도 있다. 여기서 최악은 고자질을 듣고 난 후 형이나 누나, 동생의 의견은 듣지 않고 버럭 화를 내는 경우이다. 이렇게 되면 형제자매끼리 서로 부모에게 잘 보이기 위해 경쟁하고, 자기들끼리는 갈등하는 구도로 바뀌게 된다.

부모에게 자주 고자질하는 아이에게는 고자질하고 다른 사람과 비교해서 네가 더 잘난 아이가 되는 것보다, 그냥 네가 멋진 아이로 자라는 것이 더 좋다고 말해 줘야 한다.

어느 정도 고자질이 습관이 된 아이는 한 번 말한다고 달라지지 않는다. 지속적으로 격려하면서 고자질하지 않고도 충분히 사랑받을 수 있다는 것을 알게 해야 한다. 가족 사이에 네 편 혹은 내 편의 구도가 생기지 않아야 한다. 네 편, 내 편이 생긴다면 부모가 아이들이 볼 때 같은 편이면 좋겠다. "아빠 엄마는 너희들을 무척 사랑하지만 엄마에게 가장 사랑하는 사람은 아빠이고, 아빠는 엄마를 가장 사랑한단다."라고 말할 수 있어야 한다. 때로는 이러한 부모에 대해 아이들이 질투하지만 실제로 더 안정감을 느낀다.

만약 부모가 아이들을 편애한다면 아이들 사이의 갈등은 더욱 심해진다. 거의 집집마다 편애는 있다고 봐야 한다. 그렇지만 외부에 드러내기에는 쉽지 않은 주제이다. 스스로 좋은 부모가 아니라고 말하는 것 같기 때문이다. 내가 낳은 아들딸이지만 유독 마음이 맞지 않는 아이가 있고, 마음이 잘 맞는 아이가 있다. 발가락만 봐도 뒤통수만 봐도 그 솜털만 봐도 사랑스러운 아이도, 허벅지를 찌르며 의지적으로 칭찬하고 사랑하려고 노력해야 하는 아이도 있다.

나는 이것을 '심리적 궁합'이라고 부른다. 부모가 의식하지 않으면 자연스럽게 사랑스러운 아이에게 더 눈길이 간다. 아이들은 누가 사랑받는지 귀신같이 안다. 그래서 부모가 외출이라도 하면 사랑받는 아이가 괴롭힘의 대상이 될 수 있다.

그렇다면 부모는 어떻게 해야 할까? 먼저 편애하고 있다고 스스로 인정하자. 그 다음 아이들과 있을 때 최대한 편애가 드러나지 않게 행동하는 법을 찾아야 한다. 한 명 한 명 따로 시간을 보내는 것도 좋은 방법이다. 특별 데이트를 하면서 아이가 좋아하는 군것질이나 활동을 같이 하면서 온전히 그 아이에게만 집중하는 시간을 갖자.

자신에게만 집중해 주는 시간을 아이들이 얼마나 좋아하는지 모른다. 손도 잡아 보고 머리도 쓰다듬어 보자. 사랑스러운 마음으로 만져 주기도 하지만, 만져 주면서 사랑하는 마음이 생기기도 한다. 나도 종종 아이들의 손을 잡아 본다. 다 큰 줄 알았던 아이의 손이 이렇게 작았구나 하면서 놀라기도 하고, 이렇게 어린 아이에게 많은 것을 기대했구나 하며 반성하게 되기도 한다.

또한 아이마다 각기 선호하는 공간과 애착을 가진 물건이 있을 때, 이를 기억해 주고 존중하는 것도 중요하다. 형이니까 또 누나니까 양보하라고 하며, 내 마음이 더 가는 아이에게 우선권을 준다면 포기해야만 하는 아이는 상대적으로 자신이 존중받지 못하고, 손해 본다는 느낌을 가지게 된다. 누가 먼저 태어나고 싶었느냔 말이다.

아이와 함께 집으로 방문하는 손님들이 있다면 아이가 중요하게 생각하는 공간이나 물건을 부모 마음대로, 손님이니까 무조건 양보하라고 하지 말자. 미리 같이 가지고 놀 것과 만지면 안 되는 것이 무엇인지 조율해 놓는 것이 좋다.

친구 수보다 관계의 질이 중요하다

어릴 때 어머니는 우리 집으로 얼마든지 동네 아이들을 불러서 놀라고 하셨다. 우리 집에서 놀면 우리에게 주도권이 있다는 것이 중요했다. TV 프로그램 중 어떤 것을 볼지, 냉장고에서 뭘 꺼내 먹을지 우리가 결정할 수 있지 않은가. 주변에서 어머니에게 유치원을 하라고 할 정도로 많은 친구가 놀러왔다. 주로 남동생 친구들이었다. 어머니는 아이의 친구 관계를 위해 좁은 집이지만 기꺼이 집을 개방했던 것이다.

친구들을 우르르 데리고 왔던 남동생과는 달리 나는 그러지 못했다. 내가 다니던 학교는 사립 초등학교라 잘사는 아이들이 대부분이었다. 친구들 집에 놀러갔다가 넓은 마당과 여러 개의 방을 봐서 그랬는지 나는 초등학교 때 친구들을 집에 한 번도 데려오지 않았다. 우리 집을 별로 보이고 싶지 않았다.

지금 생각해 보면 모든 아이가 잘살았던 것도 아니고, 아이들은 서로 잘 어울려 놀았는데, 왜 나만 주눅이 들어서 지냈는지 모르겠다. 점심시간마다 학교 도서실에 틀어박혀 책을 친구 삼아 지냈던 시절이었다. 친구 대신 책을 얻었지만 좀 아쉬운 지점이긴 하다.

6년 전 파주로 이사하면서 사형제의 에너지를 감당하려면 주택밖에 답이 없다고 생각해 마당이 있는 주택을 구했다. 집들이 듬성듬성 있고 논과 밭이 펼쳐진 곳에 있는 외떨어진 주택이었지만 우리에게는 층간 소음을 걱정할 필요 없는 최상의 공간이었다.

당시 큰아이를 홈스쿨링 하고 있었기 때문에 정기적으로 만나는 아이의 친구 그룹이 있으면 좋겠다고 생각했고, 우리 부부가 가장 관심을 가지고 있는 주제인 교육에 관한 공동체를 만들어 보고 싶기도 했다. 우리는 온라인 지역 카페에 글을 올려 교육에 대한 책도 같이 읽고 아이들도 함께 놀 수 있는 품앗이 모임에 참여할 가정을 모아 보기로 했다.

글이 올라가자 관심 있다는 댓글이 꽤 많이 달렸고, 결국 다섯 가정이 모여 품앗이 모임을 시작하게 되었다. 매주 수요일 오후 우리 집에서 모였는데 10명의 아이들 중 남자 아이가 7명이었고, 줄줄이 연년생으로 유치원생부터 초등학생까지 구성되었다.

아이들이 우리 집에 도착하면 가장 먼저 하는 일은 안방으로 뛰어들어가 단체 레슬링을 하는 것이었다. 주택이라 아래층을 걱정하지 않아도 되고, 레슬링을 하다가 다치거나 울어도 괜찮다는 부모들의 암묵적 합의가 있었으니 말이다.

그 다음 개를 데리고 강가로 뒷산으로 막대기를 하나씩 손에 들고 산책을 다녀왔다. 벼꽃이 피고 참게가 나오는 시절엔 강가에 통발을 설치해 게도 잡아 보고, 곤충들을 잡기도 하고, 모래 놀이도 하고, 어둑해지면 마당에서 불놀이를 하기도 했다(역시 물놀이, 흙놀이, 불놀이가 가장 재미있는 것 같다).

엄마들이 각자 잘할 수 있는 것을 정해 과학 실험, 노래 배우기, 요리, 만들기 등을 하기도 했다. 엄마들은 오전에 따로 모여 교육에 대한 책을 읽고 나누는 모임도 진행했다. 아빠들은 도대체 뭘 하고 오기에 차가 이렇게 더러워지냐며 불평을 하다가, 시간이 지나며 아예 우리 집으로 퇴근하기도 했고 가끔 나는 카레 같은 간단한 음식으로 저녁을 준비하기도 했다. 1년 동안 우리는 교육에 대한 여러 가지 시도들을 하며 즐겁고 의미 있는 시간을 보냈고, 지금까지도 관계를 이어 오고 있다.

집을 개방하고 싶지 않다면 함께 놀 수 있는 기회를 밖에서 만들어 주는 것도 좋겠다. 생일 파티를 함께 하거나 이웃과 함께 공원에 놀러 나가는 것 말이다. 아이들에게 좋은 관계의 장이 될 것이다.

관계를 잘 맺는다는 것은 꼭 친구가 많다는 것을 의미하지는 않는다. 친구가 많지 않다고 불안해하지 말자. 아이의 성향에 따라 친구가 많은 아이도, 친구가 적은 아이도 있다. 그리고 친구를 사귀는 방법도 각각 다르다. 친구의 수보다 관계의 질이 더 중요하다.

소중하고 중요한 사람과 관계 맺기를 잘하는 것이 관계 맺기의 핵심이다. 공감할 줄 알고, 필요에 따라 요청하고 협상할 수 있고, 서로 승승(win win)하는 길을 찾아간다면 아이는 잘 자라고 있는 것이다. 나아가 좋은 공동체에 속할 수 있다면 더욱 좋겠다. 공동체는 관계를 배울 수 있는 가장 좋은 장이기 때문이다.

관계를 잘 맺는 아이로
키우려면?

1. 가족회의를 시작해 봅시다

   1) 가족회의 일정 정하기

      "우리 이제부터 이야기를 나누거나 결정할 일이 있을 때 가족회의를 하려고 해. 일단 이번 주말에 한 번 모여 보자. 언제가 좋을까?"

   2) 의견 미리 준비해 오기

      "어떤 이야기를 하고 싶은지 미리 생각해 오면 좋아"

   3) 토킹 스틱을 준비하고 함께 둘러앉기

      "이제부터 각자 하고 싶은 말이 있으면 해 보자. 모두에게 발언권이 있고, 비난하거나 공격하는 것은 금지할게. 그리고 이 토킹 스틱을 들고 있는 사람만 말할 수 있는 것이 하나의 원칙이야. 누구 이야기할 사람?"

   4) 가족회의를 진행한다.

   5) 가족회의를 마무리한다.

      "오늘 어떤 느낌이 들었는지 궁금하네. 어땠어? (대답을 듣는다) 다음에도 할 이야기가 있으면 언제든지 말해 주렴."

      말하기 어려우면 화이트보드를 준비해서 의견을 적도록 해도 좋습니다.

2. 가족회의로 모였는데 별로 할 이야기가 없으면 서로를 칭찬하는 시간으로
   만들어 보세요. 강점 단어 목록을 참고하셔도 좋습니다.
   "이번 시간은 서로 칭찬하는 시간을 가져 보자. 한 명에게 칭찬을 몰아주
   는 방식이야. 먼저 첫째를 우리 모두가 칭찬하고, 그 다음 둘째를 모두가
   칭찬하고, 그렇게 돌아가 보자."

강점 단어 목록

명랑하다	재미있다	감사를 잘한다	깔끔하다
동정심이 많다	용감하다	믿을만하다	창의적이다
협동을 잘한다	친절하다	관심이 많다	잘 참는다
예의 바르다	정직하다	존경심이 있다	책임감이 있다
유머가 있다	결단력이 있다	융통성이 있다	열정적이다
용서를 잘한다	공평하다	열심히 일한다	정리를 잘 한다
친구들에게 다정하다	잘 돕는다	화해를 잘 시킨다	순종한다
시간을 잘 지킨다	사이좋게 나눠 쓴다	협상을 잘 한다	지혜롭다
자제력이 있다	부드럽다	인정 많다	이해심이 많다
밝다	솔직하다	적극적이다	강인하다
세련되다	완벽하다	생각을 깊게 한다	용기 있다

- 하고 싶은 것이 있는 아이가 효자, 효녀?
- 아이를 안아 주는 어른 한 명의 힘
- 다양한 경험, 약인가 독인가?
- 청소년, 인생의 목적에 대한 고민을 시작하자
- 나의 큰 즐거움과 세상의 깊은 필요가 만나는 지점으로

PART 4

꾸준히 지속하는 아이

열정과 회복탄력성을 중심으로

"더 이상 못하겠어.", "학교, 이제 그만 다닐래.", "학원 안 갈 거야." 라는 말을 들으면 아이에게 무슨 일이 있는 건 아닌지 마음이 철렁 내려앉는다. 평소 이런 말을 하지 않던 아이라면 더욱 놀라게 되는데, 일단 무슨 일이 있는지 들어 보아야 한다. 반면 이런 이야기를 자주하는 아이라면 꾸준히 하는 것을 가르쳐야지 하는 생각이 든다.

어떤 경우든 어디까지 아이의 요구를 들어 주어야 할 것인지 고민이 된다. 어려운 상황이 주어졌을 때 포기하지 않고 인내하면서 성장하는 아이로 키우고 싶은 것이 부모 마음이다. 그렇다면 이런저런 어려운 상황이 다가와도 쉽게 포기하지 않는 힘은 어떻게 키울 수 있을까?

◇◇◇◇◇◇

하고 싶은 것이 있는 아이가 효자, 효녀?

『GRIT』 책에서 언급된 미국 육군사관학교 이야기를 인용하고자 한다. 우리나라 육군사관학교도 합격하기가 꽤 어려운데 미국도 마찬가지다. 미국 육군사관학교의 입학생 중 많은 수가 학교 대표 팀 주장 출신으로 강한 체력과 정신력을 가지고 있다. 그러나 첫해 여름 7주간의 집중 훈련 과정 중 많은 수의 생도가 그만둔다고 한다.

이 훈련은 새벽 5시에 시작하여 밤 10시까지 강도 높게 실시하는데, 주말에 쉬는 날이 없고, 식사 시간 외에 하루 종일 어떤 휴식도 주어지지 않는다. 매일매일 자신의 최대치 역량을 발휘하면서 버거운 도전 과제를 해결하다가 그만 좌절하고 중도 탈락하는 것이다.

결국 역량의 차이보다는 절대 포기하지 않는 태도가 그 차이를 가르는 기준이었다. 이 책의 저자는 분야에 상관없이 성공한 사람들의 특성은 열정과 결합된 끈기였다고 말한다.

'하고 싶은 일이 있는 아이가 효자 효녀다'라는 웃지 못 할 우스갯소리가 있다. 그만큼 무기력한 아이가 많다는 뜻이다. 우리 아이가 열정을 가지고 하고 싶어 하는 것이 있다면 그것이 무엇이든 간에 감사한 일이다. 물론 게임에만 열정을 가지고 있는 것처럼 보인다면 또 다른 고민의 지점이기는 하나, 아이가 오프라인에서도 온라인에서도 사람들과 잘 관계하고 해야 할 일을 한다면 안심해도 좋다.

열정을 가지고 포기하지 않는다는 것은 삶의 방향성과 연관되어 있다. 자신이 바라는 것이 무엇인지 알아야 그것이 내적 동기로 작용하고 열정적인 도전이 가능하다. 또한 고난과 실패가 왔을 때 다시 일어나는 회복력이 있어야 할 것이다.

삶의 방향성이란 자기 이해가 충분히 이루어져야 발견할 수 있다. 심리학자 칼 융(Karl Jung)은 40세 이전의 인생은 리서치이고 진짜 인생은 40세부터라고 했다. 40세 이전까지 자신이 누구인지 탐색하고 엎치락뒤치락 깨어지면서 이상과 현실 간의 차이를 좁히고, 그렇게 얻어진 자기 이해를 바탕으로 인생 2막에서 선택과 집중을 하게 되는 것이다.

아이들은 삶의 방향성을 논하기에는 아직 어리다. 이 시기에는 자신 속에 있는 열정의 영역을 발견하고 그 영역에서 조금씩 높은 목표를 설정하면서 완수해 보는 경험이 중요할 것이다. 이런 경험이 쌓여 가며 아이는 점점 자기 자신을 이해할 수 있다. 구체적으로 무엇을 이해하는 것일까? 나는 자기 이해를 설명할 때 주로 성격, 흥미, 강점, 가치의 네 가지 퍼즐의 조합으로 설명하곤 한다.

이 중 성격, 흥미, 강점의 씨앗은 가지고 태어나며 가치는 전수된다. 이 네 가지 영역의 조합이 같은 사람은 아무도 없기 때문에 개인의 고유한 디자인이라 말할 수 있다.

그중에서 흥미와 강점은 경험을 통해 발견되는 영역이다. 예를 들어 "낚시를 좋아하세요?"라고 질문했다면 낚시를 해 본 사람만이 대답할 수 있다.

자기 이해의 네 가지 퍼즐

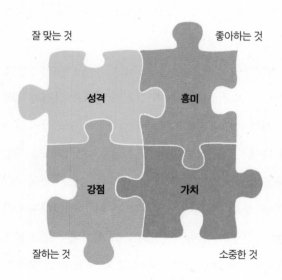

일단 경험해 봐야 자신이 어떤 영역을 재미있어 하고 어떤 영역을 잘하는지 알 수 있다. 만약 흥미의 영역이 발견되고 열정이 생겼다면 그 영역을 계속 발전시켜 보자. 어느 정도 지속하다 보면 처음 흥미와는 달리 그 정도가 떨어지기도 하고, 반대로 어려움이 있더라도 그것을 극복하고자 하는 열정이 생길 수도 있다. 흥미가 떨어졌다면 참고하여 우선순위에서 조절하고, 열정이 더 강해졌다면 좀 더 집중하여 구체적으로 발전시키고 격려하는 것이 필요하다.

축구 선수가 꿈인 둘째 아이는 본격적으로 축구를 시작한 지 1년 반이 지났다. 4학년 1학기를 마칠 무렵 축구를 하겠다고 해서 실내 축구장에 다니게 했다. 한 달이 지났을까. 더 배울 것이 없다면서 야외 그라운드에서 뛰고 싶고, 좋은 코치가 있는 팀에서 배우겠단다. 다행히 집근처 시민운동장에 유소년 FC가 있었고 그곳으로 옮겨 축구를 배울 수 있었다.

아이는 6개월이 넘도록 지치는 기색 없이 매주 네 차례씩 열심히 다녔다. 비가 오나 눈이 오나 춥든지 덥든지 상관없었다. 그러더니 또 옮겨 달라는 것이 아닌가. 시합이 없어서 시합을 통해 배울 수 있는 곳으로 가고 싶다는 것이다. 축구 선수의 길이 얼마나 어려운가. 취미로만 하면 좋겠다고 설득하고 싶었다.

그렇지만 그토록 원하는데 어쩌랴. 유명하다는 초등학교 축구팀에 가서 테스트를 받기로 했다. 그날, 타 지역에서 온 3학년 아이도 테스트를 받으러 와 있었다. 내심 아이가 코치의 평가를 직접 듣고 포기하기를 바랐다. 한 시간이 넘게 아이는 훈련에 참가했고, 코치는 아이를 관찰했다. 그러고는 "솔직히 타고난 재능이 없습니다. 피지컬도 강하지 않고요. 저희 팀에 들어올 수 없습니다."라고 냉정한 평가를 내렸다. 그리고 3학년 아이 엄마에게는 "이 녀석, 잘하네요. 우리 팀에 들어와도 되겠습니다."라고 말해 주었다.

순간 아이를 바라보았더니 직격탄을 맞은 표정이었다. 우리 모자는 아무 말 없이 교문을 나섰고, 근처 국밥집에 앉았다. 국밥을 시켜 놓고 여러 생각이 떠올라 마음이 복잡했다. 코치의 말을 혼자 들을 것을 괜히 아이에게 상처를 준 것만 같았고, 이럴 때 위로와 격려가 무슨 소용일까 싶어서 아무 말도 할 수 없었다. 그때 아이가 먼저 말을 꺼냈다.

"코치님이 잘못 판단했을 수도 있지 않을까?"

"5학년인 나보다 선수로 뛰기에 3학년이 낫다고 생각했을 거야, 그렇지?"

"엄마, 나는 절대 포기하지 않을 거야."

아이는 자꾸 스스로 위로하고 있었다. 나는 고작 "그래, 포기하지 않으면 결국은 잘할 수 있지."라고 하면서 국밥의 고기 몇 점을 건네주는 게 할 수 있는 위로의 전부였다. 집 앞에 도착할 즈음 아이는 결국 눈물을 떨구고 말았다. 아이를 꼬옥 안아 주었다. 아이의 자존심이 얼마나 상했는지 그대로 전해졌다.

그러나 아이는 포기하지 않았다. 굳은 결심을 수차례 밝히면서 지금도 축구 클럽 선수 반에서 열심히 달리고 있다. 선수반이라 그런지 월요일부터 토요일까지, 5시에 시작해서 야간 훈련을 마치면 밤 9시이다. 우리 부부는 아이가 선수 반에 들어가겠다고 했을 때 '픽업해 줄 수 없고, 포기하면 그만두기로 하자. 그만둬도 괜찮다'라고 했고, 아이도 동의했다.

아이는 집에서 왕복 두 시간이 걸리는 거리를 오가면서 매일 밤 10시가 되어서야 돌아온다. 태풍이 몰아쳐도 훈련은 계속된다. 갈아입을 옷을 보내 달라는 문자가 온다. 크리스마스에도 정상 훈련이다. 먹는 것부터 체력까지 스스로 철저하게 관리한다.

하지만 아이에게 가장 엄한 규칙은 훈련장 앞 편의점에서 라면을 사 먹으면 안 된다는 것이다. 늦은 밤, 야식으로 라면이 먹고 싶은 아들은 종종 많은 갈등을 한다.

"엄마, 라면 먹어도 될까? 이강인도 라면 좋아한대, 호날두는 햄버거 무지 좋아한대."

"응, 네가 알아서 해라."

아이의 갈등은 멈추지 않지만 구원 투수가 될 생각이 없다. 어떤 결정이든지 아이가 실천해야 변명과 핑계가 줄어든다. '엄마가 라면 먹어도 된다고 했잖아', '아빠가 오늘은 비 오니까 쉬어도 된다고 했잖아'라는 등 핑계를 대는 습관에 익숙해지면 자기 인생에 대해 핑곗거리를 찾을지도 모른다.

우리 아이는 그렇게 포기하지 않았고 결국 아이가 속한 팀은 고학년 부 우승을 했다. 물론 다른 아이들이 잘했을 것이다. 그러나 아이에게도 우리 가족에게도 기쁜 일이었다. 우리 부부의 기대와는 다르게 아이가 축구 선수, 혹은 축구 관련 계통의 직업을 가지고 살아갈지도 모를 일이다. 흥미와 열정이 어떻게 결합되어 가는지 기대하면서 지켜보고 있다.

◇◇◇◇◇◇

아이를 안아 주는 어른 한 명의 힘

자기 이해를 돕는 퍼즐인 흥미, 강점, 가치는 '흥미-강점-가치'의 순서대로 발달한다. 일반적으로 초등학생 시기에는 흥미와 강점을 발견하고, 중·고등학생 시기에는 강점과 가치를 구체화하기 시작한다.

아이 스스로 방과 후 학교의 과목을 결정한다거나 어떤 학원을 다니고 싶은지, 방학 중 활동에 이르기까지 주도적으로 결정하게 하자. 한 번 하면 끝까지 해야 한다고 너무 마음의 부담을 주지는 말자.

중학교 2학년 아이의 진로 코칭을 할 때의 일이었다.

"선생님, 저는 이제 아무것도 하지 않을 거예요."

"왜?"

"우리 엄마는 내가 무엇을 하든지 끝까지 해서 결과를 얻길 바라세요. 수영을 하면 고급반까지 배워야 하고, 컴퓨터를 배우면 자격증을 꼭 따야 한대요."

어떤 것을 배우기 시작한다면 내게 잘 맞는지를 확인하는 탐색의 과정이 있어야 하는데, 그 과정은 무시당한 채 성과를 내야 하는 아이는 너무 힘이 들었던 것이다.

피아노를 배우기 싫다는 초등학교 2학년 아이를 계속 설득하는 엄마가 있었다. 아이는 이미 태권도, 미술, 공부방까지 스케줄이 꽉 찬 상태였다. 아이가 이렇게 싫어하면 그만두게 해 주는 것도 괜찮지 않겠냐고 물으니 이제까지 한 것이 아까워서 고민이란다. 그럼 언제 그만두면 안 아깝겠냐고 물어 보았더니 묵묵부답이었다. 아마 시간이 지날수록 더 아까울 것이다.

부모들이 많이 고민하는 지점은 아이의 흥미가 너무 자주 바뀐다는 것이다. 아이가 정하면 격려하고 밀어 주겠는데, 피아노를 하겠다고 했다가 몇 달 만에 수영을 하겠다고 하고, 다시 몇 달이 지나지 않아 그만둔다고 하니 이러다가 아이의 교육이 엉망이 될까 불안해한다. 아이가 꾸준함을 배우지 못할까봐 염려되고, 이번만은 끝장을 봐야 한다고 신신당부를 하고 시작하지만 소용없다는 것이다.

아이는 자기 자신에 대한 이해가 부족할 수밖에 없다. 그러므로 자신의 결정이 옳은 결정이었는지 혹은 아니었는지 경험을 해 보지 않고서는 알 수 없다. 따라서 부모는 뒷문을 열어 두어야 한다. 아이가 그만둔다는 사실보다 그 이유가 중요하다. 그 활동에 흥미가 없는지, 선생님과의 관계가 서로 안 맞는 것은 아닌지, 그 외에 어떤 이유가 있는지를 확인할 필요가 있다.

학습이나 활동 자체에 흥미가 없다면 그만두게 해야 한다. "절대 안돼!"라고 아무리 압박감을 주어도 소용없는 이유가 있다. 언제나 논의의 장을 준비해 두자. 갑자기 그만둔다는 일이 잦아 꾸준함을 배울 수 없다면 어느 시점에서는 꾸준함을 배우기 위해 기한을 정해 지속해 보자고 아이와 협의해 보는 것도 필요하다.

셋째는 형이 축구하는 모습을 보면서 본인도 축구를 배우겠다고 한 적이 있다. 축구화와 축구복이 멋져 보인 모양이었다. 당장 결정할 수는 없으니 지금 배우고 있는 피아노와 수학을 열심히 하고, 그 다음 달이 되어도 축구에 대한 열정이 사라지지 않으면 그때 다시 논의하기로 했다. 시간이 지나도 마음이 사그라지지 않는다면 축구 수업에 등록하게 해 줄 생각이었는데, 한 달이 지나니 그 마음이 사라져 버렸다. 셋째에게 축구란 슬그머니 지나가는 흥미였던 것이다.

흥미는 바뀔 수 있다. 오히려 가장 주의 깊게 보아야 할 점은 어려움이 올 때의 아이의 반응이다. 힘들더라도 어려움을 극복하려는 아이가 있고, 주저앉는 아이가 있다. 어려움을 어떻게 극복하는지의 여부는 회복탄력성(resilience)을 아이가 얼마나 가지고 있는가로 설명할 수 있다.

회복탄력성이란 시련이나 고난을 이겨 내는 긍정적인 힘, 변화하는 환경에 적응하고 그 환경을 자신에게 유리한 방향으로 이용하는 능력, 역경 속에서도 고무공처럼 튀어 오르는 마음의 힘을 뜻한다. '적응 유연성'이라고도 한다.

1954년 미국의 심리학자들이 하와이 군도에 위치한 작은 섬, 카우아이에 도착했다. 지금은 영화 〈쥬라기 공원〉의 배경이 된 섬으로 알려

회복탄력성

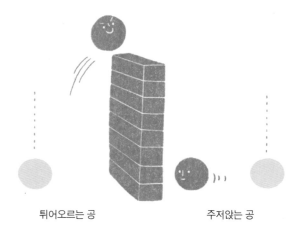

튀어오르는 공   주저앉는 공

져 많은 관광객들이 찾고 있는 유명한 섬이다. 하지만 심리학자들이 방문했을 당시, 이곳은 대대로 지독한 가난에 시달렸고, 섬 주민 대다수는 범죄자, 알코올 중독자, 정신 질환자였다. 이 섬에서 태어나는 것은 불행을 예약하는 것이었다.

그들은 카우아이에서 역사에 남을 만한 조사에 착수했는데 1955년에 이 섬에서 태어난 모든 신생아 833명을 대상으로 그들이 30세 이상 성인이 될 때까지의 궤적을 추적하는 종단 연구를 시작한 것이었다.

특히 833명 중 더욱 열악한 환경에서 자란 201명을 '고위험군'으로 분류하였다. 201명의 공통점은 몹시 가난하며, 부모가 이혼이나 별거 중에 있고, 부모 중 한 명이 알코올 중독이나 정신 질환자인 세 가지 큰 어려움을 다 가지고 있었다.

30년 후 과연 이들은 어떻게 성장했을까? 이 아이들이 불행한 인생을 살았으리라 쉽게 예측할 수 있을 것이다. 아마 연구자들도 그렇게 생각했을 것이다.

그런데 연구자들은 놀라운 사실을 발견하게 되었다. '고위험군'이라고 불린 아이들 201명 중 72명이 밝고 건강한 청년으로 문제없이 성장했다는 점이었다. 그 수가 한 자리 수라면 모를까 72명이라면 30%에 가까울 만큼 많은 숫자였다. 그들은 학업 성적도 우수했고, 물의를 일으키지도 않았다. 미국 대학입학시험(SAT)에서 상위 10% 안에 든 사람도 있었다.

왜 이런 결과가 나왔을까 놀란 연구자들은 72명을 역추적하기 시작했고 이들이 공통적으로 가지고 있었던 특성을 회복탄력성에서 찾았다. 이 연구의 결론은 "그 아이의 입장을 무조건적으로 이해해 주고, 받아 주는 어른이 적어도 그 아이의 인생 중에 한 명은 있었다."라는 것이었다. 아이의 인생에 따뜻한 관심과 돌봄을 제공해 주는 단 한 사람이 중요하다. 한 사람만 있으면 된다. 그렇다면 아이는 넘어지거나 약해지더라도 결코 깨어지지 않는다.

7년 전 월드비전에서 진행하는 중학교 1학년부터 고등학교 3학년까지 꿈에 대한 6년간의 프로젝트 〈꿈꾸는 아이들〉의 연구 개발 책임을 맡았다. 월드비전을 통해 후원을 받는 아이들이 초등학교 시절에는 복지관에 잘 다니다가 중학생이 되면 발걸음을 끊는 상황이 반복되었다. 사춘기가 되면서 복지관에 다니는 것이 부끄러워진 것이다.

아이의 인생에 따뜻한 관심과 돌봄을 제공해 주는
단 한 사람이 중요하다. 한 사람만 있으면 된다.
그렇다면 아이는 넘어지거나 약해지더라도 결코 깨어지지 않는다.

후원금은 가정의 생계비로 지원되고 있었으나 아이들은 성인이나 공동체와의 지속적인 관계가 빈약한 채 중·고등학생 시기 6년을 보내고 성인이 되었다. 아르바이트를 구하든 직장에 들어가든 오래 버티지 못하고 그만두는 경우가 많았고, 일정한 방향성 없는 진로 선택이 반복되었다. 빈곤이 지속적으로 대를 이어 진행되리라 예측할 수 있었다.

이런 상황에서 시작된 〈꿈꾸는 아이들〉의 목표는 아이들이 꿈꾸고, 도전하고, 나누는 사람으로 자라서, 건강한 성인과 직장인으로 자리매김하는 것이었다.

개발을 위한 사전 조사를 시작하며, 월드비전의 후원을 받아 자라난 아이들 중 대학생이거나 직장인, 잘 자랐다고 추천할 만한 아이들과의 개별 인터뷰를 할 수 있도록 요청했다. 그 후 전국을 다니며 한 아이 한 아이를 만나고, 그들의 인생 이야기를 들었다.

눈물로 방황했던 고통의 나날들이었다. 삶을 끝내고 싶어 아파트 옥상에 올라갔지만 차마 죽지 못한 이야기, 아버지의 폭력을 피해 엄마와 여관방을 전전한 이야기. 그뿐이겠는가. 가슴 아픈 이야기들이 이어졌고 내 마음에 그대로 스며들었다. 그러나 나의 마지막 질문은 한결같았다. 회복탄력성을 확인하기 위한 질문이었다.

"네 삶에 힘든 일이 이토록 많았는데 어떻게 이렇게 잘 자랄 수 있었니?"

놀랍게도 아이들은 한 가지의 공통된 이야기를 들려주었다. 자신들을 지지해 주고 편이 되어 주는 한 사람이 있었다는 것이다. 아이들에게 그 한 사람의 어른은 부모, 조부모, 복지사 선생님, 상담 선생님, 후원자 등 다양했다.

한 아이의 고백이 눈물겨웠다. 후원자가 '당신은 사랑받기 위해 태어난 사람'이라는 찬양 곡의 가사를 빌어서 '지영아, 너는 사랑받기 위해 태어난 사람이란다'라고 쓴 카드를 보내 주었다고 했다. 아이는 그때까지 한 번도 자신이 사랑받기 위해 태어난 사람이라고 생각한 적이 없었다고 했다. '엄마가 나를 임신하지 않았으면 아빠와 이혼했을 텐데', '가족 모두 불행해진 이유는 나 때문이야'라고 생각했다.

후원자가 보낸 한 장의 카드는 아이에게 빛이 되었고, 카드를 간직하면서 힘을 얻게 되었다. 대학생이 된 그는 자신이 다니면서 배우고 공부한 복지관에서 아이들의 학업을 돕고 있었다.

성인 1명과 아이 10명으로 구성된 그룹이 6년간 장기적으로 이어지도록 설계한 이 프로젝트는 3년간의 파일럿 기간을 마치며 성공적인 과정이라는 평가를 받았다(현재는 초등학교 5학년부터 시작하는 8년의 과정이 되었다). 이제 월드비전 국내 사업부의 전체 방향성이 된 〈꿈꾸는 아이들〉은 전국으로 퍼져나가 현재 2만여 명 이상의 아이들이 참여하고 있다. 아이들이 건강한 성인으로 성장하는 이야기와, 보호자 교육과 자조 모임을 통해 변화되는 부모님들의 이야기를 들을 때마다 깊은 감동을 받게 된다.

다양한 경험, 약인가 독인가?

결국 꾸준히 지속하는 힘은 역경을 통과할 수 있는 마음의 힘인 회복탄력성과 어떤 삶을 살고자 하는가를 아는 삶의 방향성이 일으키는 깊은 열정의 조합이라고 정리할 수 있겠다.

초·중학생 시기에는 열정을 불러일으키는 영역을 발견하고, 중고생 시기에는 개인적인 목표를 넘어 더 큰 목표를 어떻게 이루어 가야 할지 체험해야 한다. 그래야 어른이 되었을 때 삶의 방향성에 따라 그 길을 향해 용기 있게 도전하면서 더욱 발전할 수 있다.

초·중학생 시기에 열정을 불러일으키는 영역을 어떻게 발견할 수 있을까? 다양한 경험을 해 보는 것이 필요하다. 아이에게 다양한 경험이 필요하다는 말에 끄덕이지 않는 부모는 없을 것이다. 그러면서도 다양한 경험이라는 말은 참 부담스럽기도 하다.

이웃집 아이들은 가족 해외여행을 다녀왔다더라, 아랫집 아이는 과학 프로그램에 참여했는데 매우 유익했다더라, 소그룹으로 미술 수업을 한다더라 등등 갖가지 이야기가 들려오면 다 경험하게 해 줄 수도 없고, 설령 돈이든 시간이든 무리해서라도 경험하게 해 주는 것이 과연 아이에게 다 유익한 일인지도 의문스럽다.

나도 사형제를 키우면서 다양한 경험을 제공하기에는 돈, 에너지,

시간적 한계에 많이 부딪치게 되었는데 그러면서 생각을 하나하나 정리해 보았다. 이를테면 나의 경험 제공의 원칙이다.

"얘들아! 이것 좀 보라고! 이것 좀 봐봐!"

영국 버킹엄궁전 근위대 교대식을 보러 갔을 때 일이다. 우리 옆에 초등학생으로 보이는 남자아이 둘과 엄마가 자리를 잡았다. 교대식이 시작되고 멋진 광경이 펼쳐지는데 두 아이는 스마트폰 게임에 열중하느라고 고개를 숙이고 있었다. 그러자 아이들의 등짝을 때리며 엄마가 목소리를 높였다. 아이 둘은 여전히 스마트폰 게임에서 눈을 떼지 못하고 건성으로 "보고 있어요! 보고 있다니까요!"라고 대답하는 것이 아닌가.

엄마의 속내가 짐작이 되었다. 아이들에게 좋은 것을 경험하게 하려고 많은 돈과 시간을 들여 영국까지 왔는데 참 답답할 노릇이었다. 인풋 대비 아웃풋이 안 나오는 상황이었다.

부모님들을 만나다 보면 여러 가지 경험을 하게 해 주어야 한다는 압박으로 아이들을 주말에도 방학에도 쉬지 못하게 하는 경우들을 본다. 내 아이만 뒤처지나 싶어서 좋다는 어디 어디 프로그램에 등록해야 안심이 되고, 그렇지 못하면 부모로서 잘못하나 싶은 자책감이 들기도 한다. 급기야 아이에게 마음껏 해 주지 못하는 미안함과 불안함이 커져 부부 싸움으로 이어지는 것이다.

유년기에는 작은 경험을 시작하면서 좋아하는 것과 싫어하는 것을 알아간다. 피아노, 축구, 코딩, 요리 등 무엇이든지 아이의 경험이 시작되면 부모의 관찰과 격려가 필요하다. 새로운 시도를 우선 격려하고 칭찬하면서 아이가 그 영역을 좋아하는지 그렇지 않은지를 관찰하자.

첫 아이는 6살 때부터 초등 4학년까지 홈스쿨링으로 키웠다. 혼자서 해내기에는 막막해서 지역 홈스쿨링 모임에 적극적으로 참여했다. 그 당시 모임의 리더는 아이 넷을 키우는 분이었는데, 갖가지 꽃과 나무로 우거진 도시 외곽의 집에 살았다. 꽃이나 나무들이 말끔하게 관리되고 있지는 않았지만 자연스러워서 야생의 신비로움이 느껴졌다.

그 가정의 4학년 아들은 매일 두세 시간씩 누구도 제 방에 들어오지 못하게 하고 자기만의 시간을 가졌다. 당시엔 스마트폰이 없었으니 폰에 집중하는 것도 아니었고 책을 읽는 것도 아니었다. 그저 빈둥거리는 것 같았다.

어떻게 매일 그렇게 지내는지 부모로서 보고 있으려면 속이 터지지는 않는지 물었다. 예상 외로 아이가 그럴 수도 있다며 느긋한 태도를 가지고 있어서 한 번 놀랐고, 그해 말 아이가 만들어 낸 상당히 정교한 보드게임을 보고 더욱 놀랐다. 보드판과 카드, 규칙들이 4학년이 만들었다고는 믿어지지 않을 정도였다.

꽤 많은 시간이 흐른 후에 아이가 일본의 대학 애니메이션학과에 진학했다는 소식을 들었다. 부모가 아이를 믿어 준다는 것이 무엇인지, 그 아이만의 창의성은 빈둥거림과 연관이 있었겠구나 싶었다. 큰 깨달음을 얻은 계기였다.

줄탁동시(啐啄同時), 병아리가 알에서 나오기 위해 껍질을 쪼는 것을 줄(啐),
어미 닭이 부리로 알을 쪼아 주는 것을 탁(啄)이라 한다.
알의 안팎에서 병아리와 어미닭이 서로 협력한다는 뜻이다.

줄탁동시(啐啄同時)라는 사자성어가 있다. 병아리가 알에서 나오기 위해 껍질을 쪼는 것을 줄(啐), 어미 닭이 부리로 알을 쪼아 주는 것을 탁(啄)이라 하는데 알의 안팎에서 병아리와 어미닭이 서로 협력한다는 뜻이다. 협력의 시너지 효과라고 할 것이다.

부모의 자세는 이러해야 한다. 빨리 나오라고 껍질을 먼저 깨 버린 다면 도움은커녕 아이를 위험에 빠뜨릴 수 있고, 아이의 신호를 놓치면 뒤늦은 후회를 하게 된다. 아이가 순응적이고 매사에 부모의 기대를 충족시킨다면, 혹시 부모를 만족시키기 위해 자신의 욕구를 희생시키는 건 아닌지, 정말 자신의 힘으로 즐겁게 해 나가고 있는지 아이의 내면을 잘 들여다보자.

한 엄마의 고백이다. 본인이 어렸을 때 부모님이 승마까지 시키면서 빡빡한 스케줄 관리를 해 주셨는데, 그 당시에 하기 싫다는 말을 하기가 두려웠었단다. 그래서 이제 본인의 아이에게는 아이가 하고 싶은 것만 하게 해 준다며 사실 어린 시절 너무 힘들었었다고 고백했다.

부모가 여러 경험을 제시할 수 있지만, 아이 주도적으로 아이가 선택하고, 시간을 두고 검증하고, 부모는 격려하며 응원하는 순서가 가장 바람직하지 않을까 싶다.

청소년, 인생의 목적에 대한 고민을 시작하자

아이가 중·고등학생이 되면 주도적으로 목표를 세우고 성취하고, 개인의 목표를 넘어 더 큰 목표를 이루는 경험을 해 보는 것이 중요하다. 이번 중간고사, 기말고사를 잘 치르는 것은 개인의 목표이다. 개인적 목표를 넘어 함께하는 집단의 목표를 이루어 보는 경험이 있으면 좋겠다.

수행 평가를 위해 함께 모둠으로 노력하는 것도 좋긴 한데, 무임승차를 하거나 열정이 없는 친구들을 이해하면서 이끌어 가야 한다면 몇 명이 너무 고생하는 경우가 있어서 안타깝다. 그럼에도 불구하고 개인이 아닌 집단의 더 큰 목표를 설정하고 서로 열정을 불태우면서 함께 목표를 성취하는 경험은 더없이 소중하다.

중·고등학생 시절 동아리 활동, 축제 준비, 문학의 밤, 친구 초청의 날 등을 경험한 부모님은 안다. 사중창이나 합창, 연극이나 뮤지컬을 관객이 있는 무대 위에서 해 보는 경험이 얼마나 큰 희열을 주는지 모른다. 목표를 세우고 함께 기획하고 혼자 할 수 없는 것을 함께 이루어 보는 경험은 나를 넘어서게 한다.

얼마 전 신문 기사에 아이들이 한 계좌에 1만 원씩 출자해 협동조합을 만들고 1년에 매출 1억을 만들었다는 기사가 나왔다. 더구나 운영비와 조합원 장학금을 제외하고 남은 돈은 지역 사회복지관에 기부를 했다.

고등학교 3학년 학생은 학교 협동조합 조합원으로 참여하며 단순히

경영자가 되고 싶다던 꿈이 바뀌었다면서 "이젠 내 이익이 아니라 주변 사람, 지역 사회에 기여하는 사람, 그런 사업을 하고 싶다는 꿈이 생겼어요."라고 말했다. 아이들이 자신을 넘어서서 주위를 돌아보는 새로운 일들을 기획하고 실행해 보도록 지원하는 것은 어른들의 몫인 것이다.

인간 발달 연구의 세계 3대 석학으로 손꼽히는 스탠포드대학 윌리엄 데이먼(William Damon) 교수는 그의 책 『무엇을 위해 살 것인가』에서 청소년이 목적에 이르는 길을 찾는 12단계를 아래와 같이 설명하고 있다.

---

1) 가족 구성원 밖의 사람들로부터 영감을 얻는 대화
2) 관심 영역에서 목적 지향적인 사람들 관찰하기
3) 세상을 변화시키고 개선할 수 있겠다는 계시의 첫 순간
4) 내 힘으로 어떤 일에 공헌할 수 있겠다는 계시의 두 번째 순간
5) 무언가를 성취하기 위한 최초의 시도와 목적 확인
6) 가족의 지원
7) 중대한 결과를 가져올 수 있는 포괄적인 방향의 노력
8) 목적 추구를 위해 필요한 기능 습득
9) 현실적인 유능함의 증대
10) 낙천성과 자신감의 향상
11) 목적에 대한 장기적인 헌신
12) 하나의 목적을 추구하며 얻은 능력과 성격적 강점을 살려 다른 영역으로 이전하기

저자는 청소년들이 '나에게 중요한 것은 무엇인가? 왜 이것이 중요한가?', '내 삶에서 궁극적으로 하고자 하는 바는 무엇인가?'와 같은 질문을 하도록 이끌어야 한다고 했다. 그래서 개인의 만족을 넘어서 사회를

위해 헌신할 만한 '인생의 목적'을 발견하도록 해야 한다는 것이다. 그가 평생 청소년 연구를 통해 얻은 결론이다. 인생은 속도보다 방향이다.

◇◇◇◇◇◇

나의 큰 즐거움과 세상의 깊은 필요가 만나는 지점으로

이제 성인인 우리는 각자의 삶의 방향성을 발견하고 용기 있게 그 길을 가는 모습을 꾸준히 지속적으로 아이들에게 보여 주면 좋겠다. 때려치우고 싶기도 하고, 삶의 무게가 무겁고 책임져야 할 일도 많지만 말이다.

지금 여러분의 꿈이 무엇인지 물어보고 싶다. 꿈은 이미 사라졌다고 생각하는 사람도 있고, 앞으로 하고 싶은 일이나 직업을 설명하는 사람도 있을 것이다. 혹은 이러이러한 삶을 살고 싶다고 말하는 이도 있을 것이다.

아이들에게 이 질문을 하면 직업명을 이야기하지만 어른들의 경우 문장형의 답을 떠올릴 때가 많다. 꿈은 객관식에서 주관식으로 변한다. 내가 있어야 할 자리, 내가 해야 할 일, 내가 이 땅에 태어난 존재 이유가 무엇인지에 대한 고민은 어른이라면 대부분 가지고 있을 것이다.

그래서 우리는 꿈, 소명이라는 단어에 끌리고 궁금해한다. 예일 대에서 '조직행동론'을 가르치는 에이미 브르제스니에브스키(Amy Wrzesniewski) 교수는 사람들은 자신의 일을 직장(job), 경력(career), 소명(calling) 중 하나로 본다고 설명한다. 자신의 일을 직장으로 보는 이

나의 일은?

에게 일은 돈 버는 수단일 뿐이다. 경력으로 보는 사람은 더 좋은 직위, 더 큰 사무실, 더 많은 월급을 얻는 데 집중한다. 그들은 실적을 중시하지만 더 깊은 의미를 추구하지는 않는다.

하지만 일을 소명으로 보는 사람은 일을 다른 목적을 위한 수단이 아니라 그 자체로 보상으로 여긴다. 여기서 일은 반드시 돈을 버는 일만이 아니다. 내가 하는 일이 어떤 일이든 그 일을 대하는 나의 관점이 중요하다.

나는 소명을 '나의 큰 즐거움과 세상의 깊은 필요가 만나는 지점'이라고 정의한 프레드릭 뷰크너(Frederick Buechner)의 말을 좋아한다. 명함에 새겨 놓고 종종 보기도 한다. 여기서 '세상의 깊은 필요'란 'need'가 아니라 'hunger'이며, 세상의 절박한 굶주림을 의미한다.

자신이 즐겁게 잘할 수 있는 일이 세상의 필요와 만날 때 재미와 의미를 다 아우르면서 살아갈 수 있지 않을까 싶다. 물론 그 길이 위험을 감수하는 용기가 필요하기도 해서 마냥 즐거운 꽃길만은 아니라는 것이 함정이지만 말이다.

어려운 일을 만나더라도
꾸준히 지속하는 아이로 키우려면?

1. 자녀가 어떤 영역에 흥미를 가지고 있나요? 그 영역을 발전시키기 위해 우리는 무엇을 도와줄 수 있을까요? 혹시 그 영역이 마음에 안 들어 아이의 요구를 무시하고 있지는 않나요? 만일 그렇다면, 왜 마음에 안 드는지 생각해 봅시다.

2. 당신의 큰 즐거움과 세상의 깊은 필요가 만나는 지점은 어디인가요? 5년 후, 10년 후 어떤 삶을 살고 싶은지 적어 봅시다.

1) 5년 후 바라는 나의 모습

2) 10년 후 바라는 나의 모습

- 호구 말고 현명한 기버(giver)로
- 도움은 돌고 돌아 다시 온다
- 냉정하고 자기중심적인 아이라면
- 도움을 주는 삶에서 함께하는 삶으로

PART 5

서로 위하고 환대하는 아이

이 타 성 을 중 심 으 로

소설 『아름다운 아이』의 주인공 어거스트는 선천적 안면 기형으로 태어났다. 눈이 뺨으로 내려와 있고 광대뼈가 없다 보니 양초의 촛농이 흘러내린 듯한 얼굴 모습이다. 작은 귀에는 보청기를 끼고 있다. 그를 처음 본 순간 놀라움을 숨길 수 있는 사람은 거의 없다.

어거스트는 부모와 함께 홈스쿨링을 하다 5학년 때 처음 학교에 가면서 친구들과 관계 맺기를 시작한다. 친구들은 어거스트의 얼굴을 보며 이름 대신 "괴물, 괴물!"이라 놀리고, 전염병 바이러스 보균자 취급하면서 피해 다녔다. 구토 유발자, 골룸, ET와 같은 별명들이 그에게 붙어 다녔다.

그러나 모든 친구가 그렇지는 않았다. 어거스트는 진정한 친구들을 얻으면서 용기 있게 관계 속으로 들어간다. 나는 이 책을 읽으면서 울고 말았다. 혐오와 환대가 뒤섞인 상황들은 어거스트와 친구들에게만 일어나는 것이 아니라 내 주위에도 계속해서 일어나고 있는 것이 현실이기 때문이다. 혐오를 선택할 것인가. 환대를 선택할 것인가?

◇◇◇◇◇◇

호구 말고 현명한 기버(giver)로

우리 아이들이 타인을 위하고, 나아가 자신을 열어 타인을 환대하는 이타적인 사람으로 자라기를 바란다면 무엇이 필요할까? 이타성이란 이기적이지 않은, 때로 자신이 치러야 하는 대가나 희생이 있더라도 타인에게 이로운 행동을 하는 경향을 말한다.

'우리 가족만, 우리 아이만 잘 살면 되지', '남을 위해 사는 건 손해야' 라고 생각하지 않고 이타적인 아이로 키운다는 것은 연어가 폭포를 거슬러 올라가는 것만큼 힘겨운 여정일지도 모른다. 타인을 돕고, 나누는 삶을 경험한 사람들은 그것이 결국 자신에게도 복이 된다는 것을 안다. 내가 가진 자원을 나를 위해 사용해도 좋겠지만, 정말 필요한 사람에게 흘려보낼 때 마음 가득 차오르는 기쁨이 있다.

이러한 삶을 경험으로 안다고 해도 어떻게 설명해야 할지 고민이었다. 그러다가 애덤 그랜트(Adam Grant)의 『Give & Take』라는 책을 읽게 되었고, 연신 고개를 끄덕이지 않을 수 없었다.

그는 성공하는 사람에게는 '능력, 성취동기, 기회'의 세 요소가 공통적으로 있다고 말한다. 능력이 있고, 성취하고자 하는 동기가 있으며, 좋은 기회를 잡는다면 성공하리라고 예측할 수 있다.

그런데 이 세 가지 요소에 더해 우리가 간과하는 네 번째 요소가 있다는 것이다. 그것은 바로 사람들 사이의 상호 작용 방식이다. 상호 작용 방식은 세 유형으로 나눌 수 있다. 받은 것보다 더 많이 주기를 좋아하는 기버(giver), 준 것보다 더 많이 받기를 바라는 테이커(taker), 준 것만큼 받아야 하고 받은 만큼 되돌려주는 매처(matcher)이다. 내 주위의 사람들을 떠올려 보자. 그 사람들은 이 중 어디에 속할까? 그리고 나는 어디에 속하는가?

애덤 그랜트는 가장 성공하는 사람은 테이커도 매처도 아닌 기버라고 한다. 어떤 사람과 관계하는 것이 이익이 될지 따지는 사람, 더 주는 것도 더 받는 것도 원치 않는 사람보다 진심으로 다른 이들을 도우려 하는 사람이 시간이 지나며 인정받고 성공한다는 것이다.

강의를 하면서 기버와 테이커, 매처 중에서 '누가 가장 성공할까요?' 라고 물어본다. 10대와 20대는 매처나 테이커라고 대답하는 비율이 높고, 연령이 올라갈수록 기버라는 대답을 많이 한다.

왜 10대와 20대는 '기버'라고 대답하기 어려울까? 아마도 그들 주위의 기버가 호구일 가능성이 많다. 시간과 에너지, 돈을 남을 위해 썼는데, 결국 자신은 외면당하거나 버림받고, 어려움을 당하는 경우를 보았을 것이다. 그러면서 저렇게 살지 말자, 내 것은 내가 잘 챙기자고 마음먹게 되었으리라. 그러나 현명한 기버는 주는 것을 기뻐하면서 동시에 자신을 잘 관리하는 사람이다.

우리 집에는 돈이 생기면 친구들에게 이것저것 사 주느라 용돈이 늘 부족한 아이가 있다. 용돈을 주면 며칠 지나지 않아 빈털터리가 되어 있다. 하루는 이 아이에게 탕자의 비유를 들려주었다. 아버지가 돌아가시지도 않았는데 미리 유산을 받아 나온 아들이 돈이 많을 때는 친구가 많았는데, 돈이 떨어지고 나자 아무도 남아 있지 않았고, 먹을 것이 없어 돼지들이 먹는 쥐엄나무 열매를 먹으며 버티다가 다시 아버지 집으로 돌아갔다는 이야기였다.

나는 아들에게 친구에게 잘하는 것도 좋지만, 친구들이 얻을 것이 있어서 그런지, 정말 네가 좋아서 그런 것인지 구별해야 한다고 말해 주고 싶었다. 조금만 내 이야기가 길어지면 생각이 안드로메다로 가는 이 아이가 탕자 이야기는 집중해서 듣고 있었다. 자신의 이야기 같아서 흥미로웠기 때문일 것이다.

아마 이 아이는 성인이 되어서도 인맥의 힘으로 살게 될 가능성이 높다. 그러니 시행착오를 일찍 거치면서 사람들이 다 자기 맘 같지 않다는 것과 어떤 사람과 관계 맺어야 할지 구분하는 법을 익혀야 하는 것이다. 책상 앞에만 앉아서는 절대 배울 수 없다. 그래서 다른 아이들 몰래 용돈을 더 찔러주기도 하고, 자기 용돈을 어떻게 쓰든지 관여하지 않는다(내게는 인격 수양의 영역이다). 아무래도 저축하는 것은 배워야 할 것 같아서 고3 졸업할 때까지 모은 돈의 두 배를 성인식 선물로 주겠다고 했더니 전보다는 열심히 저축하려고 한다. 투자의 개념인가 보다.

나는 우리 아이들이 현명한 기버가 되기를 기대한다. 기버가 성공하는 이유는 그에게 도움받은 사람들이 기억하고 있다가 그가 어려움에 처하거나 도움을 필요로 할 때 기꺼이 돕기 때문일 것이다. 그의 진정성이 사람들을 감동시킨 것이다.

◇◇◇◇◇◇

도움은 돌고 돌아 다시 온다

타인을 돕고자 하는 이타성은 어떻게 발달할까? 아이가 좋아하고 존경하는 어른이 자신의 행동을 칭찬하고 격려할 때 이타성은 발달한다. 이것을 이타적 권유(altruistic exhortations)라고 하는데, 부모는 아이가 다른 이를 돕는 행동을 했을 때 충분히 칭찬하고 격려하는 것이 좋다. 그래야 아이의 이타성이 강화된다.

만일 친절한 행동에 대해 물질적인 보상을 받은 아이의 경우, 타인에 대한 관심보다 물질적 보상을 얻으려고 할 수 있다. 이타적 권유의 소망이 물질적 보상으로 인해 커진다면, 보상이 없을 때 행동이 줄어들거나 사라질 수 있다는 점을 기억해야 한다.

나는 초등학교 2학년 때 슈바이처의 전기를 읽고 큰 감동을 받아 의사의 꿈을 가졌다. 장래 희망을 그리는 숙제가 있으면 늘 의사 가운을 입은 나를 그렸다. 그 꿈은 중학교 졸업할 때까지 변함없었고, 생물 시간에 해부를 도맡아 하면서 의사가 되어 수술하는 꿈을 키워갔다.

그런데 고등학생이 되면서 고민이 생겼다. 피가 무서워졌고, 수학이 어렵고 싫어졌다. 이과를 선택한다는 것은 생각만 해도 답답했다. 결국 의사의 꿈을 접어야 했고 꿈이 없는 시간을 보내고 있는데, 웬일인지 쉬는 시간마다 친구들이 고민을 털어놓는 일이 잦아졌다. 눈물을 흘리며 자신의 비밀스런 이야기를 하는 친구들을 보며 좀 더 잘 도와줄 수는 없을까 하는 새로운 고민이 생겼다.

그러던 중 한 친구가 "은진아, 너는 내 마음의 의사 같아."라고 하는 것이 아닌가. 뒤통수를 치는 듯한 충격이었다. '의사라니? 내가 포기했던 꿈인데. 몸을 고치는 의사가 아닌 마음을 고치는 의사가 될 수도 있겠어'라고 생각하는 계기가 되었다. 그 이후 상담가의 꿈을 키울 수 있었다.

상담가가 되겠다는 딸의 꿈을 듣던 아버지는 돈도 안 되는 일을 왜 하려고 하냐며 반대하셨다. 그런데 하루는 어머니와 함께 식탁에서 밥을 먹는데 "엄마가 교회에 다녀 보니 마음 아픈 사람이 참 많더라, 네가 상담 공부를 하면 잘 도와줄 수 있을 거야. 하고 싶은 일이라면 잘해 봐라."라고 하시는 것이 아닌가.

아버지의 반대에 "당신이 아이 인생 대신 살아 줄 거요? 은진이가 하고 싶다는데, 하게 둡시다."라고 설득하셨던 어머니, 결국 아버지도 나의 진로 선택을 존중해 주셨다. 지금은 세상이 이렇게 변할 줄 알았느냐며 자녀들이 하고 싶은 것을 막지 않은 것이 참 잘한 일이라고 하신다.

이타적인 사람들에 대한 연구에서, 그들은 타인의 복지에 관심이 많은 부모와 따뜻하고 애정 어린 관계를 맺었다고 밝힌다. 내게 이타적인 삶의 가장 큰 본보기는 어머니이시다.

교회 소그룹의 리더였던 어머니 주변에는 경제적으로 힘들게 사는 분들이 많았다. 어머니는 그들을 돕고자 했다. 남편을 잃고 홀로 딸 셋을 키우는 가정의 막내 아이 유치원비를 다달이 대신 냈고, 아들 하나와 함께 사는 모자 가정의 월세가 밀리면 대납하기도 했다. 심지어 오방떡과 어묵을 조리해서 장사할 수 있는 리어카를 제공하여 생계비를 벌 수 있게 돕기도 했다.

고등학교 1학년 때 학원비가 꽤 비싼 수학 학원에 다니고 싶다고 어머니께 말했다가 결국 다니지 않은 적이 있다. 고민하는 어머니를 보고 내가 알아서 공부하겠다고 하고 말았다. 딸아이 수학 학원비를 감당하려면 한 부모 가정의 막내 아이 유치원비를 내기 어려웠을 것이다. 게다가 우리 집에도 자라나는 동생이 둘이나 있었으니 말이다. 그 상황을 짐작했던 나는 더 이상 그 이야기를 꺼내지 않았다.

그 당시 교회 맞은편에 우리 집이 있었는데 거의 오픈 하우스나 마찬가지였다. 어머니는 아이들이 사춘기에 키가 커야 한다며 곰탕을 끓이셨고, 많은 사람이 우리 집 밥상을 거쳐 갔다. 뽀얀 곰탕에 송송 썬 파가 아직도 기억난다. 그 당시 나는 점점 우리 집 상황을 알게 되면서 우리 가족이 어떻게 먹고 사는지 놀라울 정도였다. 그런데 신기하게도 어머니가 그렇게 퍼 주면 그보다 더 많은 것이 들어온다는 사실이 보이기 시작했다. 과일과 생선이 박스 채 들어왔고, 거덜 날 것만 같은데 오히려 집안은 더 풍성해졌다.

그런 시절에 고등학교 3학년이 되었다. 겨울 방학이 시작되고 며칠 지나지 않아 교회 앞에서 이제 막 대학생이 된 교회 선배를 마주쳤다. 공부를 매우 잘해서 영어교육과에 입학한 선배였다. 그다지 친하지 않았지만 이런저런 이야기를 나누다가 영어 공부가 고민이라는 내 말에 선배가 제안을 했다.

"내가 겨울 방학 동안 영어를 가르쳐줄게. 교회에서 만나자."

깜짝 놀랄 제안이었다. 선배는 본인의 필살기가 담긴 영어 노트를 주면서 '성문종합영어'를 가르쳐주었다. 방학 중에 영어 공부의 감을 잡을 수 있었다. 내게는 큰 행운이었다. 지금 생각해도 너무 고맙다.

그 이후 우리 교회는 선배가 어학연수를 다녀오면 방학 때 후배들을 모아 영어를 가르쳐주는 전통이 생겼다. 이렇게 도움은 돌고 돌아 다시 내게로 왔다.

◇◇◇◇◇◇

냉정하고 자기중심적인 아이라면

얼마 전 제주도에 휴가를 다녀왔다. 그날의 일정은 오전에 차귀도에서 배낚시를 하고, 오후에 서커스 관람을 하는 것이었다. 고등어 잡이가 제철이었고 날씨도 안성맞춤이라 신나게 배를 탔다.

아이들이 배에서 낚싯줄을 던지면 몇 초 지나지 않아 고등어가 미끼를 물어, 한 낚싯대에서 세 마리씩 연속으로 잡혔다. 아이들은 연신 아빠, 엄마를 부르며 고등어 입에 걸린 낚시 바늘을 빼 달라고 난리였다. 낚시 바늘을 빼자니 고기와 눈을 마주쳐야 했고, 되도록 안 아프게 빼 주려고 하다 보니 시간이 걸렸다.

"엄마, 그냥 빼지 말고 잡아당겨요, 어차피 죽을 건데, 뭐."

"야~ 그래도 안 아프게 해 주고 싶다."

이러쿵저러쿵 주고받으면서 두 시간 만에 50마리 넘게 고등어를 잡았으니 대단한 성과였다. 하지만 내 맘 한구석이 아렸다.

그 다음에 이동한 서커스 장면은 나를 더 힘들게 하기 시작했다. 초등학생에서 고등학생 정도 되는 중국 아이들이 각종 묘기를 선보이는

데 관람자가 아니라 부모의 입장에서 아이들을 보게 되었다.

시간이 흐를수록 눈물이 날 지경이었다. 저 아이들의 부모는 알고 있을까? 아이들은 제대로 대우를 받고 있을까? 성인들의 묘기를 보았다면 이렇게 마음이 불편하지 않았을 텐데 말이다. 서커스 관람을 마치고 나오자, 아이들은 너무 재미있었다면서 호들갑이었다. 특히 오토바이 쇼가 최고였다고 했다.

하지만 남편과 나는 한동안 차 안에서 마음을 가라앉히며 쉬어야 했다. 남편도 같은 마음이었던 것이다. 숙소로 돌아가는 차 안에서 아이들에게 우리의 마음을 들려주었다. 아이들은 그럴 수 있겠다고 공감하는 표정이었다.

내가 재미있는 것, 좋은 것도 좋지만 다른 사람, 다른 생명에 대해 공감하는 것으로 아이들의 생각과 마음이 이동할 수 있다면 참 좋겠다. 다른 사람의 어려운 상황을 보았을 때, 그 사람이라면 어떤 마음을 가질까, 그 사람의 고통은 어떠할 것인가를 생각해 보는 대화를 아이들과 해 보면 좋을 것이다.

이타적인 사람의 반대편에 있는 사람들은 어쩌면 사이코패스일지도 모른다. 사이코패스는 다른 사람의 감정에 공감하지 못하고 차갑고 냉정하며, 자기중심적이다. 잔인하게 사람을 죽여도 죄책감을 느끼지 못한다.

통계적으로 인구의 2% 정도가 사이코패스의 뇌를 가졌다고 한다. 사이코패스를 연구하던 제임스 팰런(James Fallon) 교수는 연쇄 살인마들과 일반인들의 뇌를 스캔한 자료를 뒤섞어 블라인드 테스트로 연구하던 중, 전형적인 사이코패스의 뇌 사진을 발견했다.

그 자료의 주인공이 누구인지 알아보다가 그는 큰 충격을 받았다. 바로 자신이었던 것이다. 이후 그는 자신의 가족사를 연구하기 시작했고, 조상 중 살인자가 많았다는 것을 발견했다. 살인을 일삼던 가족력에 사이코패스의 뇌를 가진 그였지만 범죄를 저지르지 않았고, 폭력적이지도 않았다. 왜 그런 것일까?

그는 사이코패스의 세 가지 원인을 그의 책 『괴물의 심연』에서 설명하고 있다. 세 가지 원인 중 첫 번째는 유전적인 요소, 두 번째는 전측두엽의 유별나게 낮은 기능, 그리고 세 번째는 학대받은 어린 시절이다.

사이코패스의 뇌를 가진 아이들은 아무래도 비행을 저지를 가능성이 다른 아이들보다 높고, 부모의 분노를 불러일으킬 가능성 또한 높다. 분노가 학대로 이어진다면 이 아이들은 더욱 분노할 것이며 주변 사람들을 괴롭히는 악순환의 고리가 만들어지기 쉽다. 그는 이 아이들은 어렸을 때부터 정신병자라는 소리를 자주 듣는다고 말하기도 했다.

제임스 팰런 교수는 운 좋은 사이코패스였다. 그는 자신을 비난하거나 학대하지 않는 자상한 부모를 만났으며, 그의 사이코패스적인 대담함은 오히려 과학적인 탐구에 매진하는 요인이 되었다.

유전적인 요인, 뇌의 형태가 선천적인 영향이라면, 후천적인 부모 요인이 있어서 사이코패스로 태어난 아이였으나 잘 성장할 수 있도록 도왔던 것이다. 비록 사이코패스의 뇌를 가지고 태어났을지라도 이 아이들을 잘 키운다면 스트레스에 강하고 감정과 행동을 분리할 수 있어서 대담한 도전을 하는 유능한 지도자가 될 수도 있지 않을까 상상해 본다.

나는 한 달에 한 번 모이는 독서 클럽의 클럽장으로 활동하고 있다. 참석자 중 한 명이 "아이를 어떤 사람으로 키우고 싶으세요?"라고 내게 질문한 적이 있다. 잠시 생각하다가 자기중심성을 벗어나는 아이로 키우고 싶다고 대답했다.

우리 집엔 집안일을 유난히 싫어하는 아이가 있다. "왜 내가 이걸 해야 돼요?", "아~ 귀찮아, 귀찮아."라는 말을 입에 달고 산다. 자기가 어지른 것만 치우면 된다는 논리이다. 아이의 말이 논리에 어긋나지는 않지만 참 자기중심적인 것이다.

아이에게 질문하면서 또 반박한다. "아들아, 네 말이 맞고 또 틀렸다. 왜냐고? 엄마는 왜 너희를 위해 밥을 하겠니? 엄마 밥만 해서 엄마 혼자 먹어도 되지 않을까? 가족들 빨래를 다 같이 하잖아. 엄마 것만 하면 되는데 말이다. 만일 네 논리대로라면 이제 네 빨래는 네가 하고, 네 식사도 스스로 챙겨야 할 거야. 그랬으면 좋겠어?"

아이가 그러겠다고 할 리 없다는 것을 잘 아는 나는 한마디 또 덧붙이고 말았다. "인생은 그렇게 살 수 없단다. 아무리 귀찮아도 서로 할 일이 있고, 그래서 우리는 서로 조금씩 양보하고 도우면서 살아가야 해." 그렇다고 단번에 고쳐지는 것도 아니고, 매번 성의 있는 조언을 할 수도 없다. 인간이 좀 되라고 소리 지르기도 한다.

그러던 어느 날, 아이가 잠든 방에 빨래를 널려고 들어갔다. 빨래 바구니를 들고 있던 나를 보더니 잠결에 이렇게 말하는 것이다. "엄마, 도와드려야 하는데 너무 졸려요, 죄송해요." 아이고야 많이 자랐구나 싶었다. 여전히 집안일 하는 것을 귀찮아하지만 '왜 내가'라고 툴툴거리던 습관은 많이 줄어들었다.

우리 집에 놀러오는 아이들을 살펴보면 자신이 먹은 그릇을 싱크대에 갖다 놓는 훈련도 되어 있지 않은 경우가 많다. "네가 먹은 그릇은 당연히 싱크대에 가져다 놓는 거야. 그래야 엄마가 일을 덜 하시지 않겠니?"라고 말하면, 아이들은 수긍하고 금세 잘하기 시작한다.

앤서니 브라운(Anthony Browne)의 『돼지책』을 함께 읽는 것도 도움이 될 것이다. 아이와 집안일을 나누어서 하는 것부터 시작해 보자. 아이에게는 자기중심성을 벗어나는 훈련이 될 것이고, 책임감을 가지게하는 훈련도 될 것이다. '엄마가 다 알아서 할 테니, 너는 공부만 해.'라고 말하는 집이 없기를 바란다.

◇◇◇◇◇◇

도움을 주는 삶에서 함께하는 삶으로

마틴 셀리그만은 세 가지 행복에 대해 이야기하면서 쾌락적 행복, 잘하고 좋아하는 일을 하면서 얻는 행복, 의미 있는 일을 하면서 얻는 행복을 설명한다.

우선 잘하고 좋아하는 것을 찾아야 한다. 나의 독특성과 고유함을 알아야 하는 것이다. 이것을 'personal fit'이라고 한다. 그 다음에 내가 가진 것으로 세상에 의미 있는 일을 해야 더욱 행복하다. 이것은 'social fit'이다.

지난해 좋은 아버지와 남편이 되고자 하는 30, 40대 남성들을 다섯 차례에 걸쳐 만날 기회가 있었다. 그중 한 분이 이야기하기를 어떻게 하면 행복할까, 어떤 삶을 살아야 할까 계속 답을 찾고 싶었는데 알 수 없더라는 것이다. 결국 자신에게 도움을 받고 힘을 얻는 사람이 늘어나는 것이 행복의 방향성이지 않겠냐고 하셨다. personal fit에서 social fit으로 이동한 것이다.

나를 넘어서야 내가 행복하고, 행복을 좇지 않아야 행복이 찾아온다. 베풀면 손해인 것 같지만 베풀면 큰 기쁨을 얻는다. 공부해서 남 주어야 한다. 오천 명 분을 내가 먹을 것이 아니라 오천 명을 먹이는 사람이 되어야 너도 살고 나도 산다. 삶의 역설이다.

우리 가정은 2016년부터 인천의 한 보육원과 연계하여 퇴소 청소년 확대 가족 프로젝트에 참여하고 있다. 그곳에 살고 있는 중학생, 초등학생 형제와 지속적으로 만난다. 이 아이들이 성인이 되어 막상 사회로 나오면 광야 같은 세상이 펼쳐질 텐데, 그때 이모나 삼촌 같은 관계로 중요한 일을 의논하는 지지자가 되어 주려고 확대 가족이라는 이름으로 관계를 맺었다. 오른쪽은 4년 전, 확대 가족 프로젝트를 시작할 때 쓴 글이다.

정은진
7 hrs · 👥   •••

퇴소 청소년 확대 가족 되어 주기 프로젝트에 참여하며

보육원에서 자라다 만 18세가 되면 3백에서 5백만 원의 돈을 받고 사회로 나오는 아이들. 이 퇴소 청소년들을 어떻게 품을 수 있을까 고민하던 이들이 인천의 한 보육원에 모였다. 우리 부부도 몇 년 전부터 고민하던 영역이었기에 전화를 받고 주저 없이 모임에 가겠다고 했다. 다섯 가정이 한 마음으로 모이면 시작하기로 한 프로젝트, 한두 아이를 결연해서 퇴소 후에도 만남을 지속하는 일, 가능하면 한 달에 한 번 집으로 오고, 휴가도 같이 가는 형태, 체험보다 관계 맺음. 나이 들어도 이모 이모부로, 대부 대모로 같이 가기. 뜨거운 가슴과 냉정한 머리의 조화로. 어려운 길인 것을 안다. 그래도 가야 한다면 가야지. 작지만 꾸준히, 묵묵히.

해낼 가치가 있는 것 중 일생 동안 완결할 수 있는 것은 아무것도 없다. 따라서 우리에게는 희망의 구원이 필요하다. 진실하고 아름답고 선한 것 중 그 어떤 것도 당장의 역사적 문맥 안에서 완전히 이해할 수 있는 것은 없다. 따라서 우리에게는 믿음의 구원이 필요하다. 아무리 선하고 도덕적인 것이라 할지라도 혼자서 그것을 이루어 낼 수는 없다. 따라서 우리에게는 사랑의 구원이 필요하다. 어떤 덕행도 친구나 적의 입장에서 보면 우리가 보는 것만큼 덕스럽지 않다. 따라서 우리에게는 사랑의 마지막 형태, 즉 용서의 구원이 필요하다.
- 라인홀드 니버(Reinhold Niebuhr)

우리 가족의 회복적 공동체 역할을 기대한다. 쉬운 길은 아니겠으나 우리 모두 함께 성장할거야. 그리고 구원이 필요할 거야.

 Like    Comment    Share

결연 이후 형제는 방학 때마다 우리 집에서 하루나 이틀 머물면서 관계를 쌓아 나갔다. 처음엔 묻는 말에 대답만 했던 형제는 자신의 이야기들을 조금씩 해 주기 시작했다.

여름 방학을 앞둔 어느 날, 보육원으로 형제를 만나러 갔다. 햄버거도 먹고 아이스크림도 먹으며 대화를 하던 중 형이 불쑥 이렇게 물어 왔다.

"이번 여름휴가를 같이 가도 될까요?"

"그래? 좋지."

갑작스런 물음에 얼른 좋다고 말해 버렸지만 고민이 한둘이 아니었다. 휴가비는 물론 현실적인 제약들이 속속 머릿속에 떠올랐다. 집으로 돌아오는 기차에서 '하나님, 우리 모두 머물 수 있는 장소를 주시면 해 보겠습니다'라고 기도했지만 금세 잊어버렸다. 불가능하다고 생각했던 것이다.

여름이 왔고, 얼굴도 모르는 어떤 분이 우리 가족 휴가를 위해 리조트 숙소를 제공하겠다고 연락해 오셨다. 그 연락을 받고 나서야 기차에서 올려 드린 기도를 떠올렸다.

"휴가 같이 갈 수 있게 되었어, 일단 우리 집으로 와서 같이 가자."

형제에게 연락했지만 여섯 명의 아들들이 함께하는 휴가가 과연 가능하긴 할까, 정말 잘한 결정일까, 휴가 전날까지도 고민이 많았던 것이 사실이다.

리조트에 도착한 우리는 수영도 하고, 당구도 치고, 만화책에 파묻

히기도 하고, 보드게임도 열심히 했다. 밤이면 치킨을 먹으며 영화도 함께 보았다. 아이들은 한 번도 싸우지 않고 생각보다 평화로운 시간을 보냈다. 식사 준비는 중학생, 설거지는 초등학생이 주로 했기에 나도 생각보다 편하게 지냈다.

휴가를 함께 보낸 후 보육원으로 돌아가는 고속버스 터미널에서 남편이 형제를 안고 기도를 해 주었다. 형은 눈물을 보였다. 엄마에 대한 아픔으로 내 눈을 바라보기를 힘들어했던 동생은 휴가 기간 중 처음으로 나를 정면으로 바라봐 주었다.

형제가 돌아가고 나서 우리 가족끼리 휴가를 돌아보는 시간을 가졌다.

아이들에게 이번 휴가는 어땠는지 묻자, "좋았어요.", "나쁘지 않았어요.", "재미있었어요.", "괜찮았어요."라고 했고, 다음에 또 같이 놀러 가도 되겠냐고 했을 때도 "네, 좋아요.", "그러시든지.", "그래도 될 것 같아요."라고 대답했다. 무엇을 했을 때 가장 좋았냐고 물었을 때는 각각 생각이 달랐다. "수영 한 거요.", "밤늦게 치킨 먹으며 영화 본 거요.", "당구 친 거요."

우리 부부는 좀 더 깊이 있는 질문을 하기로 했다.

"아빠 엄마가 왜 4박 5일 동안 보육원에서 온 형들과 같이 보내기로 한 것 같아?"

"이번에 한 번도 안 싸웠잖아, 어떻게 그럴 수 있었을까? 우리도 사실 걱정했거든."

"……."

아무래도 초등학생에게는 어려운 질문일 수 있어서 좀 더 쉽게 풀어서 이번 결정에 대한 과정을 설명해 주었다. 그리고 우리가 3년 동안 만나면서 서로 성격 파악을 해서 적절하게 조화를 이루면서 지냈고, 우리 집이 아닌 리조트라는 생활 조건이 소유의 갈등이 없게 했으며, 보드게임과 만화책을 충분히 가져간 덕분에 각자 시간을 보내는 데 도움이 되었고, 무엇보다 너희가 할 일을 분담해서 아빠 엄마를 잘 도와주어서 기뻤다고 정리해 주었다.

당시 중학생이었던 큰 아이와는 따로 대화의 시간을 가졌다. 중학생 정도 되면 좀 더 깊은 대화를 할 수 있다. 가정의 중요한 결정을 할 때 부모가 고민하여 결과만 말해 주는 것이 아니라, 무엇을 고민하는지, 어떤 어려움이 예상되는지, 어떤 가치를 가지고 결정을 하고자 하는지, 우리 가정에 미칠 영향은 무엇인지 등을 함께 아이와 나누어 보자. 부모의 고민을 들으면서 '어른들은 이렇게 문제를 풀어가는구나'를 배우게 되고 인생이 실전이라는 것을 경험하게 된다.

큰아이는 이제 타인을 돕고 나아가 환대하는 삶이 주는 기쁨을 아는 것 같다. 최고의 환대는 가정을 열어 주는 것이라 생각한다. 이것이 때로는 큰 도전이고 위험을 감수하는 일이지만, 우리 아이들에게는 참 배움의 경험이었다.

해외로 입양된 이들이 다시 한국에서 부모를 찾으며, 또 한국을 알기 위해서 홈스테이 가정을 찾는다. 맞벌이하는 부모들의 아이를 잠시

최고의 환대는 가정을 열어 주는 것이라 생각한다. 이것이 때로는 큰 도전이고 위험을 감수하는 일이지만, 우리 아이들에게는 참 배움의 경험이었다.

맡아 줄 수도 있고, 한 부모 가정의 아이들을 돌볼 수도 있다. 아이들의 친구들이 놀다 가도록 집을 열어 줄 수도 있다. 매달 지인들을 초대해서 대화와 놀이의 시간을 가져도 좋겠다. 이것이 부담된다면 음식을 만들어 아파트 경비실에 가져다 드려도 좋고, 아이들과 함께 길고양이에게 밥과 물을 제공해도 좋겠다. 품을 열어 그저 조금씩 시작하면 된다.

사제이며 교수였던 영성가 헨리 나우웬(Henri Nouwen)은 긍휼은 우리에게 연약한 사람들과 함께 연약해지고, 상처입기 쉬운 자들과 함께 상처입기 쉬운 자가 되며, 힘없는 자들과 함께 힘없는 자가 될 것을 요구한다고 그의 책『긍휼』에서 쓰고 있다.

그는 하버드대학 교수를 그만두고 장애인과 비장애인이 함께 지내는 공동체 라르쉬 데이브레이크로 들어갔는데, 그 결정을 할 때 긍휼이란 무엇인가에 대한 깊은 고민을 하지 않았을까 짐작해 볼 수 있다. 진정한 긍휼은 동정 어린 태도도 아니고, 자기가 있는 곳에서 낮은 위치에 있는 사람에게 도움을 주는 것이 아닌, 직접 그곳으로 들어가는 것, 함께 살아가는 것이다. 이것이 이타성의 최고봉이 아닐까.

타인을 위하고 환대하는 아이로
키우려면?

1. 요즈음 자녀의 친절한 행동에 대해 칭찬하고 격려한 적이 있나요?
   어떤 상황이었나요? 어떻게 칭찬했나요?

   ....

   ....

   ....

   ....

   ....

   ....

2. 자녀와 함께 할 수 있는 환대의 행동은 어떤 것이 있을까요?
   이번 주 가족회의의 주제로 삼아 보면 어떨까요?

   ....

   ....

   ....

   ....

   ....

   ....

PART 6

무례하지 않은 아이

공격성을 중심으로

"딸아이가 자꾸 오빠를 때려요."

"어린이집에서 친구를 문다고 연락이 와요. 너무 괴로워요."

이런 연락을 받으면 이렇게 말해 준다.

"너무 속상하시죠. 잘 고쳐지지도 않고요. 아이가 자라고, 부모가 포기하지 않으면 분명히 좋아집니다. 믿으세요."

공격성 자체가 반사회적으로 여겨지기 쉽지만, 곰곰이 생각해 보면 자기 보호의 수단이다. 공격성이 없었다면 인간이 이제까지 생존할 수 있었을까? 사자나 곰이 공격하면 반격해야 살아남을 수 있는 것이다.

전쟁이 자주 일어나던 때에는 공격성을 지닌 사람들이 영웅이었을 것이다. 공격성은 힘이자 자기 보호의 본능이다. 타인이 나를 부당하게 대우하면 당연히 대응해야 한다. 그러나 어렸을 때는 이것이 미숙하게 드러나 서로 물고 때리고 소리 지르는 싸움이 그치지 않는다.

4살 아이들이 서로 모여서 노는 장면은 어른들의 입장에서는 평화롭게 보이지만, 아이들 입장에서는 언제 어디서 이빨이나 주먹이 날아올지 모르는 전쟁터일 수 있다. 하지만 아이들은 나이를 한 살 한 살 먹으면서 공격성을 조절하고 친사회적으로 행동하는 것을 배우게 된다.

◇◇◇◇◇◇

물거나 때리는 아이

아이가 어릴 때 친구를 물거나 때려서 당황한 경험이 있을 것이다. 우리 아이가 3살 때 여자아이의 뺨을 물어 동그랗게 이빨 자국이 난 적이 있었다. 그 자국을 보고 당황스럽고 미안해서 어쩔 줄 몰랐던 기억이 있다. 아이들이 둘 다 어렸으니 지나치게 혼낼 수도 없는 노릇이었다.

그 후에 아이는 연년생으로 태어난 동생을 자꾸만 물었다. 엉덩이를 때리면서 "네가 개냐!"고 소리치기도 했고 염려가 이만저만이 아니었다. 이러다가 무는 게 습관이 되어버리는 건 아닌지, 과연 고쳐지기는 할지 불안했다.

아이는 자라면서 더 이상 물지는 않았지만, 주먹질을 하고 막대기를 휘두르고, 심지어 칼을 집어 들기도 했었다. 화가 나면 이성을 잃어버리는 것 같았다. 칼을 든 그날은 정말 정색을 하고 엄중하게 다루었다. 화난 감정은 이해하지만 화가 났다고 칼을 든다는 것은 절대 있어서는 안 될 일이었기 때문이다.

이웃집 초등학교 저학년 아이가 형의 놀림에 화가 난 나머지 아버지 차에서 야구 방망이를 꺼내 그 형을 때린 사건이 있었다. 다행히 겨울철이어서 두꺼운 잠바를 입은 덕분에 크게 다치지는 않았다. 아이들끼리 다툼으로 대강 마무리되었던 것 같다.

그날 오후 야구 방망이로 때린 아이의 엄마가 거의 사색이 되어 찾아오셨다. 아이 행동이 너무 충격적이라며 엄하게 혼을 냈지만 앞으로 어떻게 가르쳐야 할지 모르겠다고 한숨을 쉬셨다. 어떠한 경우든지 아이가 분노하면서 폭력을 쓰면 부모는 무척 놀라고, 당황하고, 불안할 뿐더러 아이에게 실망하게 된다. 이야기를 들으며 우리 아이는 칼을 든 적도 있다고 했더니, 미안하지만 위로가 된다는 대답이 돌아왔다.

화나면 어쩔 줄 모르던 아이가 6학년이 되면서 과하게 분노하는 일이 확연히 줄었는데, 왜 그런 것 같냐고 물어보니 자기가 많이 착해진 것 같다고 머쓱해져서 대답했다.

내 판단으로는 아이가 운동을 많이 하면서 적체된 에너지를 발산해서 그렇기도 하고, 앞뒤 보지 않고 화를 내는 것이 자신에게 손해라는 것을 알게 된 것, 지속적으로 가르친 덕분에 자기 성찰이 깊어진 것이 아닐까 싶다. 아이의 눈을 보면 알 수 있다. 분노가 가득한 눈에서 잘못을 인정하는 눈으로 바뀌는 시간이 점차 짧아진다. 부모가 포기하지 않으면 아이는 변한다.

◇◇◇◇◇◇

순한 기질, 당당하도록 격려하기

순한 기질의 아이와 강한 기질의 아이는 각각 다르게 공격성을 드러낸다. 순한 기질은 다른 이를 먼저 공격하지는 않지만, 수동적으로 저항한다. 말을 하지 않거나 행동을 느리게 하는 것으로 자신을 표현한다. 우리 집 막내는 주로 낯선 상황이나 불리한 상황이면 망부석처럼 서 있거나, 대답을 하지 않는다. 간혹 형들이 답답해 죽을 지경일 때가 있다.

"대답하라고!"

형들이 아무리 소리를 질러도 돌부처다. 이런 상황에 놓이면 "아들아, 대답을 안 하면 상대를 무시하는 거야. 네 의견을 명확하게 말하면 좋겠다."라고 말해 준다. 가끔 나도 속이 터진다.

우리 집에서 가장 마음이 여린 아이는 셋째이다. 둘째 형이 강하고 무섭다고 여긴 셋째는 저학년 때까지 형 앞에서는 매번 겁에 질려 자기 표현을 제대로 하지 못했다. 별도로 혼자 있는 방에서 "형! 하지 마!", "싫어! 싫단 말이야!"라고 소리 지르는 대응 훈련을 해도 막상 현실에 부딪치면 동일하게 겁에 질리곤 해서 한심하고 못나 보이기도 했다.

사실 정정당당하게 저항하지 못하고 겁이 나 있는 모습이 내 모습 같아 보여서 더더욱 싫었는지도 모르겠다. 그런 아이가 몸이 커지면서 더 이상 지지 않는 태도를 가지기 시작했다. 윗몸 일으키기든 레슬링이든 붙어 보고, 소리도 지르며 자기를 지킨다. 이전에 비해 강해진 아들에게 박수를 보내 주고 있다.

수년 전 개인 상담을 받을 때의 일이다. 아버지에 대해 설명하라는 요청을 받았다. 나에게 아버지는 강한 성 같은 존재였다. 그래서 "아버지는 나와 우리 가족을 단단하게 보호하는 성이었습니다."라고 말했다. 좋은 의미로 그렇게 말했는데, 상담자는 의외로 이렇게 해석해 주었다.

"한 번도 넘어가지 못했던 성이었겠군요."

그랬다. 나는 뒤통수를 맞는 것 같았다. 아버지는 휴가도 자진 반납할 만큼 맡은 일에 열심이셨고, 자녀에게는 더할 나위 없이 강한 보호자였다. 순한 기질의 나는 아예 저항할 생각을 하지 못했고, 착하고 모범적인 아이로 살기를 선택했다.

반면 어머니는 아버지처럼 강하지 않았지만, 옳고 그름이 분명했으며, 아이들이 그러한 틀 안에서 잘 살아가기를 원하셨다. 어머니의 삶이 훌륭한 부분이 많았기에 그 틀을 비난할 수 없었고 존경스럽기까지 했다. 어머니의 헌신과 기도가 아니었으면 지금의 나는 없었을 것이다.

그러나 어머니에게 저항하면 어머니의 삶을 무너뜨릴 것 같은 두려움이 있었던 것도 사실이다. 외할머니가 아프셔서 일찍이 학업을 포기하다시피 하면서 가사 노동을 도맡고, 남동생들을 돌봐야 했던 어머니의 삶을 알면 알수록 내가 잘 살아야했다.

이렇게 내 목소리를 숨긴 채 사춘기도 없이 10대를 보냈다. 하지만 결혼하고 남편이라는 뒷배가 생기면서 본격적으로 어머니에게 내 목소리를 내기 시작했다. 서른이 넘은 내가 무슨 짓인가 싶었지만, 뒤늦게 사춘기가 소환되었던 모양이다.

역시 성장통도 제때 치러야 하는 것이다. 결국 어머니의 울음으로 다툼은 마무리되었다. 어머니의 고생을 몰라주는 딸이 섭섭하셨을 것이다. 나는 더 이상 진행하면 안 되겠다고 생각했다. 하지만 이 시간을 통해 우리는 서로를 더 깊게 이해할 수 있었다.

지금도 나는 강한 사람 앞에서 자기주장이 어렵다. 되도록 갈등 상황을 만들고 싶지 않다. 그러나 나를 지키면서 아닌 것은 아니라고 말하고, 상대를 뒤에서 비난하거나 조종하지 않으려 한다. 서로 승승하는 협상을 해 나가고 싶다.

순한 아이였던 나는 확실히 예전보다 강해졌다. 그 이유는 가족의 지지가 가장 크다. 그리고 삶의 시행착오를 통해 자기주장을 하지 않고

뒤에서 후회하며 괴로운 것보다 앞에서 아니라고 당당히 말하는 것이
더 낫다는 것을 배웠기 때문이리라.

순한 기질의 아이에게는 자기주장을 당당히 하도록 가르치고, 아이
의 편이 되어야 한다. 괜찮다고, 상처를 입어도 회복된다고 격려해 주자.

◇◇◇◇◇◇

강한 기질, 강함을 강점으로 논쟁을 자기 성찰로

"왜 때리면 안돼요? 걔가 잘못했는데."

"잘못했다고 다 때리면 되겠니? 그럼 엄마도 네가 잘못하면 바로 때
려도 될까?"

"……."

"이제 4학년인데 동생한테 그러면 안 되겠지?"

"그럼, 3학년이면 그래도 돼요?"

"자, 엄마 눈을 봐라. 본질을 이야기하자. 말꼬리 잡지 말고."

강하고 논리적인 아이와는 이런 논쟁을 수시로 하게 된다. 아이는 자신의 논리를 펼치지만 그 논리가 자기중심적인 궤변인 경우가 많다. 부모는 대응하다가 그게 말이 되냐며 페이스를 잃고 화를 내게 된다. 말려드는 것이다. 아이는 어떻게든 논쟁에서 이기고 싶겠지만 부모는 대화의 주제를 아이 스스로 자신의 행동을 돌아보는 자기 성찰로 돌려야 한다. 양심에 비추어 떳떳한지 살피도록, 이기는 것이 중요한 것이 아니라 사람을 얻는 것이 중요함을 가르쳐야 한다. 강함을 잘라 내기보다 이 아이의 강점이 되도록 잘 다듬어 주는 것이 부모의 역할이다.

강한 기질을 가지고 태어나는 아이들은 아무래도 다른 아이들에 비해 더 많이 공격적이다. 이런 아이를 키우는 부모는 힘들다. 주위에 아이 또래 엄마에게 사과하러 다녀야 하고, 왜 아이를 저렇게 키우느냐는 비난의 소리도 들을 수 있다.

나도 강한 기질의 아이를 키우면서 입에 욕을 달고 다니는 아이가 도무지 이해가 되지 않았다. 편안하게 할 말인데도 왜 그렇게 세게 말하는지, 뭐가 그리 화가 나서 펄펄 뛰는지 받아들이기 힘들었다. 상대를 말로든 몸으로든 해치면 안 된다고 끊임없이 이야기했다. 자기주장을 협박하듯 공격적으로 하는 것이 아니라 존중하고 요청하고 협상해

아이는 논쟁에서 이기고 싶겠지만 부모는 핵심을 자기 성찰로 돌려야 한다.
양심에 비추어 떳떳한지 살피도록 도와주어야 한다.

야 한다고 가르쳤다.

시간이 지나며 화가 나면 사람을 때리던 아이가 사물을 때리고, 말이나 글로 분노를 표현하는 과정을 거쳐 가는 것을 볼 수 있었다. 이 과정은 부모 몸에서 사리가 나올 만한 힘든 과정이지만, 부모와 아이가 한 걸음 한 걸음 함께 지나가야 한다.

여러 방법을 쓰다 보니 강한 아이와 대화하는 효과적인 방법을 하나 발견했다. 관계의 논리보다 힘의 논리로 설명하는 방법이다.

"네가 이렇게 하면 동생 마음이 어떻겠니?" 보다 "네가 이렇게 화가 나서 길길이 뛰면 너희 팀에서 최약체가 될 거야. 상대방 팀이 그걸 모르겠니? '아~ 저 아이 앞에 가서 부모님을 욕하거나, 화를 돋우면 되겠구나!'라고 생각하겠지. 그게 상대방에게는 좋은 전략이 될 거야. 잘 생각해 봐."라고 말해 주었다.

아이가 화를 낼 때 "어, 감정 조절해라. 최약체 된다."라고 말하면 피식 웃기도 하고 훨씬 빨리 감정을 조절하는 것을 볼 수 있었다.

아이가 좀 더 어릴 때는 길거리에서 화가 나거나 하면 그 자리에 앉아서 움직이지 않는 경우가 종종 있었다. 그럴 땐 일어나라고 강요하기보다, 시간이 조금 지날 때까지 옆에서 지켜보다가 이렇게 말하면 좋다.

"우리 아이스크림 먹으러 갈래?"

그럼 아이는 못 이기는 척 하며 일어난다. 아이스크림은 대단한 힘이 있다. 일단 달콤한 것이 입에 들어가면 괜히 화가 풀린다. 그 후에 화가 난 사건에 대해 이야기해도 늦지 않다.

아이들과 외출할 때 내 가방 안엔 사탕, 젤리, 초콜릿이 늘 들어 있다. 투덕거리며 불평하러 오는 아이의 입에 일단 하나 넣어 주고 이야기를 시작하기 위해서이다.

아이 때문에 주위에 미안한 일이 생긴다면 부모 자신을 자책하지도 말자. 아이를 너무 비난하지도 말자. 특히 아이를 키우기가 힘들다고 다른 곳에 맡기는 것은 정말 잘 생각해야 한다. 기숙 학교나 외국에 아이를 보낼 때는 아이와 진지하게 논의하고 아이가 동의해야 한다. 부모가 일방적으로 결정하여 통보한다면 아이는 그 상처를 가슴에 안고 살아간다. 버림받았다고 느끼는 것이다.

아이의 성숙을 위해서 부모는 품어주고, 버텨주고, 보복하지 않고, 지속적으로 기다려주어야 한다. 이런 심리적으로 안전한 환경 속에서 아이는 자신의 속도에 맞추어 자라게 될 것이며, 우리는 그 과정에서 내가 아이를 잘 키우고 있다는 이상적인 좋은 부모상에서 내려와 겸손해지게 될 것이다. 결국 아이와 부모는 이렇게 함께 자라는 것이다.

◇◇◇◇◇◇

형제간의 서열 잡기와 폭력

아이들이 자라면서 서로를 때리는 것은 자주 있는 일이다. 이때 부모는 때리기를 단호히 제지하고 서로 마음을 이해하고 공감하도록 지속적으로 가르쳐야 한다. 그러면 아이들은 대화하면서 상황을 풀어 가는 방법을 익히게 된다. 형제간의 서열 잡기 역시 마찬가지이다.

큰애가 잘 자라면 동생이 잘 자란다고 한다. 일리 있는 이야기이다. 형이나 언니의 행동이 본보기가 되어 좋든 싫든 따라하게 마련이다. 큰애가 농구를 좋아하자 동생들도 관심을 가지고, 둘째가 랩을 중얼거리면 동생들도 따라 해서 한동안 시끌시끌했다.

그렇다고 해서 "네가 잘해야 동생들이 잘 따라 하지!"라는 식의 압력은 금물이다. 아이들은 저마다 자신의 인생을 사는 것이지 그 누구의 인생을 대신 살아가는 것이 아니다. 큰애가 군기를 잡겠다고 동생들에게 기합을 주거나 때리는 것을 용납해서도 안 된다.

우리 집에서 한동안 둘째가 동생들을 기합 준 사실이 들통난 적이 있었다. 어느 날 밤 아이들이 거실에서 바닥에 머리 박기를 하고 있는 것을 보게 되었다. 깜짝 놀란 우리 부부는 왜 이러고 있느냐, 누가 시킨 거냐고 물어보았다. 잠을 자러 방에 들어가려고 하면 형이 땅바닥에 머리 박기, 구르기, 앉았다 일어나기 같은 것을 시킨다는 것이다.

기가 막힐 노릇이었다. 다행히 동생들은 형의 지시를 못 이겨 시키는 대로 했지만, 협박에 의한 운동 경기 정도로 생각하고 있었다. 둘째를 불러 묻기 시작하니 민망한 웃음을 짓는다.

"이건 아니지. 동생들에게 이렇게 부당하게 해서야 되겠니?"

"다시는 안 그러겠습니다."

동생들을 불렀다.

"아무리 형이 시킨다고 해도 하기 싫은 일은 항의하고, 그래도 듣지 않으면 엄마 아빠에게 의논해야 한다."

"네, 그런데 재미있기도 했어요."

잠들기 전에 그런 운동을 시켰으니 잠은 잘 잤을 것이다. 그렇지만 가족 구성원 모두에게 집은 안전한 공간이어야 한다.

자녀 양육 세미나를 마치고 자매를 키우고 있는 한 엄마가 조용히 다가와 자신의 고민을 털어놓았다.

"초등 저학년인 큰아이가 동생이 죽었으면 좋겠다고 해요. 그런 생각하면 안 된다고 말했지만, 걱정이 됩니다."

동생이 언니의 말을 잘 듣는다면 별 문제가 없었을 텐데, 동생이 더

기가 세고 언니를 때리는 일도 많았던 것이다. 엄마가 퇴근해서 저녁 식사를 준비하는 동안 동생과 놀아 줘야 하는 언니는 그 시간이 몹시 싫었다. 하지만 엄마는 언니의 마음을 읽어 주지 못했다. 심지어 성경에 나온 '동생 아벨을 죽인 형 가인'의 이야기를 들면서 언니에게 동생과 사이좋게 지내기를 요구했고 큰아이는 자기 마음을 몰라주는 엄마가 답답했다.

이 상황에서 어떻게 하면 좋을까? 가장 좋은 방법은 엄마가 동생과 놀아 주거나 동생 혼자 놀게 해야 한다. 언니에게는 잠시나마 동생과 놀아줄 수 있겠냐고 부탁할 수 있으나, 강요할 수는 없다. 가능하면 식사 준비 시간을 줄이는 것도 좋은 방법일 것이다. 무엇보다 동생이 언니를 때릴 때 언니를 보호하고 동생을 단호하게 꾸중하고 제지해야 한다.

뉴스에서 종종 보도되는 가정 폭력은 부모가 자녀를 때리는 경우여서 아동 학대에 대한 경각심을 일깨우곤 하지만, 간혹 부모가 모르는 사이 형제간의 학대적 폭력이 일어나기도 한다.

하루는 강의 후 이혼 가정의 엄마가 상담을 요청하셨다. 홀로 아이 셋을 키우는 엄마였다. 일하느라 아이들을 제때 잘 돌보지 못했는데 첫째가 둘째를 때리고, 둘째가 셋째를 때리는 상황이 반복되었다는 것을 아이의 멍을 보고 뒤늦게 알게 된 것이다. 아이들 사이에서 우산이나 손에 집히는 무엇이든 가지고 때리는 폭력이 심하게 일어나고 있었다.

우선 첫째와 어떤 대화를 했는지 물었다. 아이는 엄마가 해 준 게 뭐냐고 울분을 터뜨렸고, 스스로 화가 나면 통제가 안 된다고 한 모양이었다. 이 경우 가해자인 언니는 상담을 받아야 하고, 피해자인 동생은 언니와 분리할 필요가 있다.

이보다 더 심한 경우를 접한 적도 있다. 형이 동생을 심하게 때리는 가정이었다. 부모가 있을 때는 그렇지 않은 듯이 행동하고 형은 동생에게 비밀을 지키라고 했다. 부모는 일하느라 밤늦게 들어오니 그 시간만 피하면 가능한 일이었다.

마침내 동생은 정신병원 입·퇴원을 반복했는데 동생 입장에서는 병원에 있는 편이 안전하다고 느꼈다. 형이 군대를 가 있는 동안 잠시 평화가 왔지만 형이 제대할 때가 다가오자 동생은 집을 나가기로 마음먹었다. 부모는 이 상황을 전혀 모르고 있었다. 만일 이 상황이 부모에게 알려진다면 인생이 무너질 것 같은 충격일 것이다.

공격성이 아무 제지를 받지 않은 채 분출되고, 피해 상대가 두려워하고 약한 모습을 보이면 성취감과 희열감마저 든다. 아이를 피가 날 때까지 때려야 그만두는 부모도 마찬가지이다. 이런 경우 일단 가해자와 피해자를 격리하는 것이 우선이다.

◇◇◇◇◇◇

네가 그러니까 당했지, 내 편이 되어 주세요

막내가 새 학기 들어서면서부터 종종 학교를 가기 싫어하다가 급기야 "오늘 학교는 지옥이었어."라고 한마디 툭 내뱉었다. 무슨 일이 있구나 싶었다. 잠자기 전에 아이의 상태를 알고자 얘기를 꺼내 보았다. 그다지 말수가 없는 아이는 피치 못할 사정이 있는 것만 같았고 쉽사리 말을 꺼내지 못하더니 닭똥 같은 눈물을 쏟아 냈다.

무슨 일이 있다고 생각하자, 내 가슴이 쿵쿵거리기 시작했다. 아무래도 말로는 어려울 것 같아 필담을 하기 위해 연필과 종이를 가져왔다.

"뭐가 힘들어? 때린다, 놀린다, 따돌린다, 선생님께 혼난다. 해당되는 것에 동그라미 해 봐."

모두 동그라미 표시를 했다. 더욱 긴장이 되어, 그중에 가장 힘든 순서대로 써 보라고 했더니, '때린다 - 놀린다 - 따돌린다 - 선생님께 혼난다' 순서였다.

"전체 10의 점수를 준다면 각각 몇 점이야? 비중을 알아보려고 그러는 거야."

아이는 때린다 6점, 놀린다 2점, 따돌린다 1점, 선생님께 혼난다 1점이라고 적었다. 그 이후에도 필담은 계속되었다. 누가 때리는지, 왜 때리는지, 어떻게 때리는지에 대해 길게 나누었다. 같은 반이면서 같은 학원을 다니는 친구에 대한 내용이었다. 내가 이해하기로는 그 친구가 가까이 지내고 싶은 마음을 때리고 밀치는 것으로 미숙하게 표현하고 있었다.

담임 선생님께 조심스레 의논하면서 지켜봐 달라고 부탁드렸다. 그 이후 아이는 선생님이 개입해 주셔서 한결 편하게 지냈다고 했다. 내심 걱정되었는데 한숨 돌렸다. 이 사건을 통해 내향적인 아이와 내밀한 문제를 나누어야 한다면 말로만 할 것이 아니라 글을 사용하는 것도 효과적인 대화법이라는 것을 배우기도 했다.

아이가 친구 관계에서 상처를 입을 때 "네가 그러니까 당했지.", "그 아이가 괜히 그럴 리가 있겠어."라고 위로는커녕 부모가 비난의 돌을 먼저 던지는 경우가 있다. 속이 상해서 하는 말이겠지만, 아이의 가슴에는 정말 멍이 드는 것이다. 아이가 약해져 있을수록 더욱 아이의 편이 되어야 한다.

상담을 처음 시작할 무렵 한 신문 기사를 읽게 되었다. 학교 폭력으로 아이가 자살을 했고, 그 부모님의 아픈 마음을 토해 놓은 기사였다. "우리 아이에게 그저 착하게 살라고만 했어요. 그냥 니가 용서하고 참으라고만 했어요. 그게 너무 후회가 돼요."라고 했던 부모님의 고백이 아직도 뇌리에 깊이 남아 있다.

그 아이는 얼마나 참아 보려고 애썼을까. 그러다가 도저히 안 되겠다는 판단을 했는지도 모르겠다. 마음이 너무 아팠다. 누구를 용서하고 참아 내려면 내가 강해야 하고, 어떤 상황이든지 피하고 기댈 품이 있어야 한다. 그 품이 부모여야 하지 않겠는가.

시집가면 그 집 귀신이 되라는 말이 얼마나 많은 여성을 고통 속에서 살아가게 했는지 알 것이다. 예전에는 시집살이가 너무 고되어 도망치듯 친정에 찾아오면 안아 주기는커녕 몹쓸 짓을 한 것처럼 다시 쫓아보냈던 일이 많았다. 무엇이 중요해서 그랬을까. 자식 교육 잘못한 부모라고 손가락질 당할까 봐 그랬을까.

아이가 피해자보다 가해자일 때 부모의 대응이 훨씬 어렵다. 학교 폭력 가해자였던 아이가 부모의 지독한 비난을 듣고 나서 죽음으로 용서를 빌었다는 이야기를 듣고는 맘이 아득해졌던 적이 있다. 그 아이 부모는 어떻게 살아갈 것인가.

우리 아이가 동생들이 축구를 함께하지 않는다고 화가 난 나머지 자기는 커서 동생들도 죽이고 자기도 죽겠다고 쓴 편지를 준 적이 있다. 그 글을 읽고는 너무 마음이 힘들었다. 그간의 노력이 마치 물거품이 된 것 같았다. 결국 쓰레기를 버린다고 집을 나서서 한 시간이 넘도록 동네를 돌아다니며 마음을 안정시켰다.

편지를 건넨 아이는 내가 들어오지 않자 울상이 되어 아빠와 함께 나를 찾으러 나섰다. 길에서 서성이는 나를 보자마자 아이는 울음을 터뜨리며 품에 안겼다. "엄마, 잘못했어요. 너무 화가 나서 그런 소리를 했어요." 하지만 내 입에선 괜찮다는 말이 나오지 않았다. 힘들었으니까. 결코 괜찮을 수 없었으니까.

아이 입장에서는 너무나 화가 났지만 그래도 동생들을 때리지 않고 편지를 써서 엄마에게 자신의 마음을 풀어낸 것이기도 했는데, 그 글의 수위가 지나치자 감당이 되지 않았던 것이다. 아이를 키우면서 내가 예상했던 수위보다 훨씬 더 높은 테스트를 받는 것 같을 때가 있다. 이렇게 하다 보면 나도 더욱 강해지려나.

욕하는 아이, 존재의 변화는 느리다

자녀 양육 강의를 하는데, 조금 늦게 오신 어머니가 있었다. 늦어서 강사 소개를 듣지 못했다며 쉬는 시간에 찾아오셨다.

"강사님, 아이가 몇 명이에요?"

"넷입니다."

"아, 아들도 있겠네요."

"아들만 넷입니다."

어머니는 크게 웃으시며 마음이 놓인다면서 딸만 키운 분들은 아들 키우는 엄마 마음을 몰라준다고 덧붙였다. 그러고는 아이들의 욕에 대한 이야기를 꺼내셨다.

"아들은 학년이 바뀌면 신학기부터 남들보다 센 욕을 해서 분위기를 제압해야 한다네요."

"아마 기 싸움에서 이기려고 그러나 보네요."

"그래야 함부로 대하지 않고 편하다고 해요."

그럴 수 있다. 요즘 아이들 대화의 대부분은 욕이다. 이래도 욕 저래도 욕, 아이들이 즐기는 영상에도 비속어가 넘쳐난다.

"저거 처먹을 바에 시장 길에 뜨끈한 돼지국밥이나 먹지."

"확 그냥 철퇴로 인중 존나 세게 내려찍어 버릴까 보다."

아이들은 중얼거리며 욕을 찰지게 입에 붙인다. 재미있는 장면이 나오면 "엄마 재미있지?" 하며 보여 준다. 엄마와 소통하겠다는 표시라고맙기도 하지만 불편한 마음이 한편에 자리 잡는 것은 어쩔 수 없다.

그렇다고 이런 걸 왜 보냐고 혼내면 다시는 영상을 보여 주면서 대화하려 하지 않을지도 모른다. 참 고민되지만 일단 곁을 내주는 것에 고마워하고, 나중에 불편한 점에 대해서 이야기를 잘 풀어 가는 수밖에.

아이들에게 올바른 언어 사용을 가르쳐도 아무 소용이 없는 것 같을 때가 있었다. 우리 아이들은 한동안 접두사처럼 '개'를 사용했다. 개재미있네, 개맛있네, 개짜증나 등 '개'가 난무했다. 욕을 안 하고 대화하기는 거의 불가능한가 하는 생각이 들었다. 물론 모든 아이가 다 그런 것은 아니다. 같은 집에서 자라는데 어떤 아이는 신박한 욕을 지어내기도 하고, 어떤 아이는 욕을 사용하지 않는다.

계속해서 욕을 사용하는 이유는 정말 화가 나서 공격하려는 의도도 있지만, 친구들 사이에 끼고 싶어서, 좀 더 자신을 드러내고 싶고, 재미있기도 하고, 강하게 보이고 싶은 마음에 그럴 것이다. 욕이 심해지면 "그런 말은 집에서 사용 안 하면 좋겠는데.", "동생이 그런 말을 들으면 마음이 어떻겠니?", "그렇게 말하면 친구 사이에 오해를 살 수 있겠다." 등의 말을 하면서도 잔소리로 들리지 않게 하려고 무척이나 애썼다.

지속적으로 아이들 눈높이에서 말해 주었더니 아주 서서히 욕의 비중이 줄어들었다. 부모의 체면을 깎아내린다는 이유 때문이 아니라 진실로 아이를 위해서 이야기를 하는 것임을 아이들도 안다. 아이는 성장하면서 욕을 마구잡이로 사용하는 것이 자기 자신의 품격을 깎아내린다는 사실을 깨닫게 될 것이다. 존재의 변화는 느리고 시간이 필요하다. 아이들의 올바른 언어 사용을 위해 부모가 노력해야 하는 부분이라면 부모가 서로 존대어를 사용하는 것, 가정에서 부모와 아이 사이에 서로 존중하는 대화가 오가는 것이다.

수동적인 저항을 하는 아이는 자기주장을 좀 더 강하게 할 수 있게, 공격적인 성향의 아이는 공격적이고 비난하지 않으면서 소통할 수 있게, 가진 힘을 잘 사용할 수 있게 이끌어 주면 좋겠다.

불쾌한 감정이 올라오면 잠시 깊은 숨쉬기를 한다거나, 속으로 10을 세어 보는 등 마음을 다스리는 자신만의 방법을 가지게 하고, 격한 감정이 사그라지면 왜 화가 났는지 말할 수 있도록 하자.

"쟤가 갑자기 내 물건을 던져서 부러뜨렸어. 화가 나!", "머리를 손바닥으로 치면 기분이 아주 나쁘다고!", "엄마가 내 말을 안 듣고 동생 말만 들었으니까 속상해." 등등 말로 자신의 내면을 표현할 수 있도록 도와야 한다. 말로 표현하지 못하면 행동이 먼저 나간다.

한 사람의 청소년을 인간이 되게 하기 위하여 아이와 어른은 모두가 살기 위한 긴 결투를 해야 한다는 위니캇(Donald Winnicott)의 말이 생각난다. 부모의 길은 멀고도 험난하지만 사랑하는 아이들의 성장과 좋은 관계라는 놀라운 보상이 길 끝에서 기다리니 함께 힘을 내자.

정은진 소장의 따뜻한 권유

/ gentleness /

무례하게 행동하지 않는 아이로
키우려면?

1. 화가 난 마음을 잘 다스리는 방법들을 연습해 보세요.

분노라는 감정은 6초 안에 표출해 버리면 20분이 지나고 나서야 다시 평정심을 갖게 된다고 합니다. 6초 동안 화를 내지 않으면 분노의 수위가 낮아져 화를 적절한 수위로 조절할 수 있는데, 6초 안에 화를 내면 필요 이상으로 화를 내게 된다는 것입니다. 그래서 6초 동안 분노 표출을 지연시키는 것이 중요합니다. 아이와 연습해 볼 수 있는 몇 가지 방법들입니다.

1) 상황을 피하기 : 화가 났을 때 그 자리를 피하면 폭발하는 것을 막을 수 있습니다.

2) 숫자 세기 : 화가 났을 때 눈에 보이는 물건의 수를 세어 봅시다. 예를 들어, 자동차나 책상, 의자, 보도블록, 길가에 심어진 나무 등을 셀 수 있겠습니다. 책상을 보고 하나, 의자를 보고 둘, 시계를 보고 셋, 창문을 보고 넷. 이렇게 숫자를 세는 동안 감정과 이성이 조절되고, 더 좋은 선택을 할 수 있게 됩니다.

3) 심호흡 : 눈을 감고 편안한 자세로 앉아서 여섯을 세면서 숨을 깊이 들이마시고, 다시 여섯을 세면서 호흡을 내뱉습니다. 복식 호흡을 하면 더 좋습니다.

복식 호흡 연습

1. 가장 편안한 자세로 앉아 주세요. 온몸에 힘을 뺍니다.
2. 편안하게 눈을 감고, 배 위에 편안하게 손을 얹습니다.
3. 배에 풍선이 들어있다고 생각하세요. 들이마실 때 풍선이 커졌다가 내쉴 때 풍선이 작아집니다.
4. 아주 천천히 코로 숨을 크게 들이마십니다. 입으로 천천히 내쉽니다(숨을 들이마시고 내쉴 때 하나, 둘, 셋, 넷 호흡을 세 주세요).
5. 4번의 과정을 10번 정도 반복합니다.

- 부모와 아이가 부딪치는 일곱 가지 장면
- 나와 다른 사람들을 만나며 넓어지는 마음
- 어려움을 통과하며 깊어지는 마음

PART 7

여럿이 함께 어울리는 아이

기질과 포용력을 중심으로

나는 '자녀에게 욱하지 않으려면?!'이라는 주제로 강의와 세미나를 진행하고 있다. 물음표와 느낌표를 붙이는 이유는, 욱하지 않는 부모는 거의 없으며, 그럼에도 불구하고 우리는 아이에게 욱하지 않으려고 끊임없이 고군분투하기 때문이다.

부모가 아이와 갈등을 빚는 이유, 즉 욱하는 이유를 나는 세 가지로 본다. 첫째는 훈육의 실패나 미숙함, 둘째는 자녀와 나의 기질의 차이, 셋째는 자녀 교육의 목표이다. 여기서 둘째 주제인 기질만 잘 이해해도 아이와의 갈등이 많이 줄어든다.

기질은 서로 다른 것이지 틀린 것이 아니다. 내 기질의 틀로 아이를 이해하려 한다면 이해할 수 없다. 좀 더 객관적으로 나의 기질을 이해하고 아이의 기질을 알면 이해의 폭이 넓어지고 나아가 기질의 성숙을 어떻게 도울 수 있는지 알 수 있다.

◇◇◇◇◇◇

부모와 아이가 부딪치는 일곱 가지 장면

우리 집 한 아이는 결정을 늘 마지막에 내린다. 다른 사람이 어떻게 하는지를 살펴보면서 가장 후회하지 않을 결정을 하려는 것이겠지만 그러한 태도가 때로는 기회주의자 같아서 소신 있게 결정하기를 바라는 마음이 있다. 정치적인 판단으로 이익을 따라 움직인다는 생각이 들기도 한다. 그런 모습이 양심을 무시하는 행동이 아니라면, 자신이 살아가는 방식일 수 있는데 말이다.

기질은 타고나는 것이다. 그러므로 일단 인정해야 한다. 아이가 가진 기질을 충분히 인정해야 아이 스스로 자신을 긍정적으로 받아들일 수 있다. 또한 아이의 기질에 따라 강점은 더 강하게 발전시키고 약점은 보완하게 도우면 될 것이다.

"우리 아이는 너무 수줍음이 많아요. 사람들과 활발하게 지내게 할 수는 없을까요?"라는 질문을 받은 적이 있다. "그럴 수는 없을 거예요."라고 대답했다. 수줍음을 극복하고 마음 맞는 사람들과 좋은 관계를 맺을 수는 있으나 선천적으로 활발한 아이만큼 활발하게 만들 수는 없는 것이다.

물론 성인이 되어서 본인이 노력하고자 한다면 가능할 수 있으나 부모가 노력한다고 되는 것은 아니다. 약점을 강점으로 만들어 살기는 매우 어렵다. 그 에너지로 강점을 더 강화하는 편이 낫다. 물론 뒤통수를 친다거나 거짓말을 입에 달고 다니는 약점이라면 부모와 아이가 함께 애써서 고쳐야 한다.

부모의 기질이 아이와 많이 다르거나, 특정한 기질에 대해 좋지 않은 기억이 있다면 강점인데 괜히 좋지 않게 보일 수도 있다. 아이의 기질을 바꾸려고 자꾸 비난하면 아이는 주눅이 들어 강점을 드러내지도 못하고 다른 사람을 부러워하며 혼란스러워한다.

기질을 이해하는 여러 가지 틀이 있다. 히포크라테스의 4기질론부터 MBTI, 학습성격유형, 애니어그램, DISC, STA 등이 쉽게 접할 수 있는 것들이다. 이 중에 한둘만 알아도 아이를 이해하는 데 많은 도움이 된다. 아이를 객관적으로 관찰할 수 있는 틀을 가지게 되는 것이다. 기질이 달라 부모와 아이가 갈등을 많이 일으키는 일곱 가지 장면들을 정리해 보았다.

1. 외향적 부모와 내향적 아이

외부에서 에너지를 얻는 외향적 부모는 사람들을 만나고 관계를 맺는 것이 좋다. 낯선 사람과도 쉽게 소통한다. 그러나 혼자 있을 때 에너지를 얻는 내향적인 아이는 소수와 깊은 관계를 맺으며 혼자 있는 시간이 꼭 필요하다.

외향적인 부모가 내향적인 아이를 이해하지 못하면 "너는 왜 친구 관계가 넓지 않니?", "왜 다른 애들처럼 나가서 놀지 않는 거니?"라고 하면서 아이의 사교성에 문제가 있는 건 아닌지 불안해한다. 사실 내향적 아이는 한두 명의 친구만 있어도 만족하는데 말이다.

우리 아이가 5살 때 아무도 없는 놀이터에 가고 싶다고 해서 매우 황당했던 경험이 있다, 결국 아무도 없는 놀이터를 찾아가서 잘 놀다가 들어왔다. 지금도 가족이 함께 외출하려고 하면 "안 가면 안 돼요? 집에 있고 싶은데."라고 하면서 종종 혼자 있는 시간을 원한다. 그렇다고 아이의 인간관계에 문제가 있는 것도 아니다. 아이의 그 시간이 행복하고 다른 이에게 해가 되지 않는다면 괜찮은 것이다.

2. 내향적 부모와 외향적 아이

부모는 쉬면서 조용한 시간을 보내고 싶은데 아이는 친구들을 만나러 밖으로 나가거나 친구들을 우르르 집으로 데려오는 경우이다. 집에 있더라도 SNS나 모바일 메신저를 하느라 스마트폰에서 눈을 떼지 못한다. 자기 전 친구들에게 메시지를 보내 놓고 아침에 일어나서는 답장이 왔나 확인을 시작한다.

우리 아이는 주소록에 아는 어른들의 번호를 저장해두고, '굿나'(굿나잇)라는 문자를 모두 보내고, 왜 답장이 빨리 안 오는지 궁금해하기도 했다. 어른들은 바쁘니 꼭 필요한 문자만 보내고, 답장이 바로 안 와도 이상하게 생각하지 말라고 말해 주었다.

이런 외향적 아이의 경우, 부모는 넓은 친구 관계를 가지는 것에 대해 만족하기도 하지만 저렇게 분주해서 학습이나 학교생활은 어떻게 관리할지 불안하기도 하다. 아이의 넓은 친구 관계를 칭찬하면서 동시에 속마음을 깊이 나눌 친구가 누군지 물어보자. 아이의 성찰을 촉진하게 할 것이다.

어린아이의 경우, 이것저것 하자는 것이 많고, 무조건 밖으로 나가려고 조르는 통에 부모는 에너지가 방전된다. 아이가 외향적일 때는 먼저 부모 자신의 충전을 위해 시간과 에너지를 관리할 필요가 있다.

아이의 요구마다 들어줄 수 없다는 점을 인정하고 아이 혼자 노는 시간을 정해 주는 것도 좋겠다. 아이가 심심하다고 하는 말에 흔들리지 말자. 정말 심심하다면 스스로 노는 법을 찾아내는 법이다. 다 만들어진 장난감보다는 글루건, 나무 막대기, 모루, 종이, 물감, 재활용품, 스티커 등 만들고 놀 수 있는 재료들을 집에 구비해 둔다면 더 좋겠다.

3. 규칙이 강한 부모와 충동이 강한 아이

규칙이 강한 부모는 신중하고 꼼꼼하며 체계적이다. 반복적인 일상을 질서 정연하게 정돈하면서 살아간다. 그래서인지 이제까지 살아온 삶에 대해서도 만족하는 편이다. 그러한 부모는 자신이 살아온 방식이 맞다고 여기며 아이를 그 틀 안에서 키우고자 한다.

그러나 충동이 강한 아이는 하고 싶은 것도 많고 갖고 싶은 것도 많다. 부모와는 기질이 다른 자유로운 영혼이다. 예측이 불가능하고 변화무쌍하게 행동하는데, 규칙이 강한 부모는 이러한 아이의 행동에 스트레스를 받고, 자신의 틀 안으로 들어오게 하려고 통제하기 시작한다.

부모와 아이 사이에 소통이 가능하다면 협상 또한 원만하겠지만, 비난이 섞인 지시를 하게 되면 아이는 더욱 반항하게 되고 부모의 틀 밖으로 나가고자 한다. 최악의 경우는 아이가 자해를 시작하거나 반복하고, 이러다가 아이가 죽겠구나 하고 부모가 뒤로 물러나 관계를 포기하는 경우이다. 부모의 틀을 어느 정도 유지하되 아이가 드나드는 구멍을 내 주었으면 좋겠다.

4. 감정과 관계가 중요한 부모와 논쟁적이고 건조한 아이

이 경우 부모가 아이에게 상처받기 쉬운데, 감정과 관계에 대해 별로 관심이 없는 아이는 자신의 생각만을 고집하며 논쟁적으로 소통하려든다. 예를 들어 가족들이 함께 식사를 하는데 수저통에서 자신의 수저만 꺼내서 가져오는 것이다. "너는 왜 네 것만 가져오니?"라고 하면 "각자 것은 각자 가져오면 되잖아요."라고 대답한다. 부모는 아이의 논

부모는 자신이 살아온 방식이 맞다고 여기며 아이를 그 틀 안에서 키우고자 한다.
부모의 틀을 어느 정도 유지하되 아이가 드나드는 구멍을 내 주었으면 좋겠다.

리를 딱히 반박하기 힘들지만 마음에 들지도 않는다.

자기 자신만 생각하는 아이가 이기적이고 절친도 없다고 하니 이러다 세상을 왕따시키며 살지는 않을지 걱정이 될 것이다. 자신만의 세계가 구축된 아이에게 사람들과 어울리도록 강요하거나 많은 사람을 만나는 캠프에 억지로 보낼 필요는 없다.

단지 아이의 논리가 누구에게나 적용되지 않고 옳지 않을 수 있다는 점과 이기적인 행동으로 인해 다른 사람들이 상처받을 수 있다는 점을 알려 주자. 그러다가 인간관계에서 자신의 허점을 발견하거나 좋아하는 이성 친구에 대해 관심이 높아지면 새로운 노력을 집중적으로 하게 될 것이다. 성인이 되어서 관계에 대한 성찰이 급격히 깊어질 수 있으니 기다려 주자.

5. 기준이 높은 부모와 격려가 중요한 아이

아이에 대한 기대치가 높거나, 칭찬도 논리적인 근거가 있고 의미가 있어야만 하는 부모는 여간해서 아이를 칭찬하거나 격려하지 않는다. '누구나 할 수 있는 일이지', '그 정도 어려움은 누구나 겪는 거야'라고 하찮게 생각한다. 더 나아가서 질책을 해야 아이는 좀 더 앞으로 나아간다고 믿는다.

그러나 어떤 아이들은 격려를 받으면 200% 힘을 내고, 질책을 받으면 50% 밖에 힘을 내지 못한다. 우리 아이를 잘 관찰해 보자. 그렇다고 칭찬을 원하는 목표를 성취하기 위한 도구로 쓰라는 것이 아니다. 아이가 세상에 존재하는 그 자체, 아이의 조그마한 시도와 성취, 전진을 함께 기뻐해 주자. 칭찬하고 또 칭찬하자. 아이를 자라게 하는 돈 안 드는 최고의 방법이다.

부정적인 피드백이 필요한 경우 칭찬과 부정적 피드백의 비율은 5:1이 좋다. 칭찬 다섯 번에 부정적 피드백 한 번을 기억하자. 관계를 상하게 하지 않으면서 부모의 의견을 전달할 수 있다.

또한 선생님으로부터 지적을 받지 않기 위해 부모가 아이를 채근하며 아이와의 관계가 안 좋아지는 경우라면, 차라리 아이가 선생님께 혼나고 부모가 감싸 주며 이야기를 풀어 가는 편이 낫다. 어떤 경우에도 부모와 아이의 관계가 우선이다.

6. 정리 정돈하는 부모와 어지르는 아이

목표와 계획이 분명하기에 계획이 바뀌는 것을 지나치게 싫어하는 부모, 목표와 계획이 있다고 해도 바뀔 수 있지 않느냐는 아이의 라이프 스타일의 차이는 곳곳에서 드러난다.

그중 정리 정돈이 첨예한 이슈가 될 때가 있다. 아이의 방은 마구간 수준이지만, 부모가 치워 준다고 해서 좋아하지 않는다. 어질러져 있어도 자신이 필요한 것이 어디 있는지 알고 있는데, 남이 정리해 놓으면 필요한 물건이 어디에 있는지 쉽게 찾을 수 없기 때문이다.

이런 아이의 경우 '저 녀석, 군대 갔다 와야 정신차리지', '저래 가지고 사회생활을 어떻게 할까' 하는 탄식이 저절로 나온다. 그렇다면 적절한 조절선이 필요하다. 예를 들어 자신의 방은 아이가 알아서 하고, 가족의 공용 공간에서는 자신이 사용한 물건은 제자리에 놓기, 그조차 힘들다면 커다란 박스를 준비해서 집어넣기, 함께 청소하는 시간을 정하기 같은 규칙을 함께 의논해서 만들자.

부모 방식의 완벽한 정리 정돈을 강요하기보다 가족에게 방해되지 않고 건강에 해롭지 않도록 정리하는 습관이 필요하다는 점과, 주변 사람이나 친구들이 불쾌하거나 괴로울 수 있다는 점을 가르치면 된다.

특별히 청결에 민감한 부모라면 휴가는 아이들이 마음껏 놀 수 있는 곳으로 놀러가는 것을 추천한다. 진흙 축제나 토마토 축제에 가서 마구 옷을 더럽히며 놀도록 해 주자. 그래야 몸도 맘도 건강해진다.

7. 속도가 빠른 부모와 속도가 느린 아이

어떤 일을 하든 빨리 그 일을 끝내는 부모라면 무엇이든 느릿느릿한 아이를 보는 것만으로 속이 탄다. 이런 경우 아이의 속도를 기다려 주지 못하고 부모가 아이가 할 일을 미리 다 해 놓기도 하고, 왜 이렇게 느리냐며 계속해서 채근한다.

타고나면서부터 느린 아이들이 있다. 때로는 부모에 대한 반항심으로 일부러 느리게 하고 질질 끄는 경우가 있으니 이 부분은 분별이 필요하다. 가장 필요한 것은 아이가 자신의 속도로 일을 해내도록 기다려 주는 것이다. 느린 아이를 보고 있기만 해도 속이 상한다면 마치는 시간을 협의한 후 부모가 자리를 떠나는 것도 하나의 방법일 수 있다.

토끼와 거북이를 생각해 보자. 토끼도 잘하는 것이 있고 거북이도 잘하는 것이 있다.

부모와 아이 사이의 기질이 부딪치는 일곱 가지 장면을 살펴보았다. 부모와 아이의 기질이 다르다면 서로 보완하면서 살아가는 방법을 익히고, 기질이 비슷하다면 서로 이해하면서 부족한 부분을 발전시키며 살아가면 좋겠다.

그렇다면 부모인 우리의 기질은 어떻게 성숙하게 할 수 있을까. 오른손으로 이름을 써 보고 왼손으로도 써 보자. 어떤가? 오른손잡이라면 오른손으로 쓴 글씨는 보기 좋으나 왼손으로 쓴 글씨는 유치원생이 쓴 듯이 어설플 것이다.

타고난 기질을 사용하는 것은 잘 숙련된 오른손 글씨 같아서 자연스럽다. 그러나 잘 사용하지 않던 왼손과 같은 기질은 의식적으로 보완하면 더 좋아질 것이다. 나이가 들면서 오른손을 사용하듯 왼손도 잘 사용할 수 있도록 훈련하는 것이 중요하다.

예를 들면 20대 시절에는 활발하게 활동하지만 점차 나이가 들면서 혼자 있는 시간도 즐기고, 소수와 깊은 관계를 맺으면서 살아가기도 하며, 일찍이 대부분의 시간을 혼자 보냈다가 점차 자신의 영역 밖으로 나가 좋은 관계를 늘려가는 사람도 있다.

또한 일에만 집중하던 사람도 가족과 주변 사람에게 관심을 가지고, 성과를 위해 빨리빨리 일했던 사람이었다면 속도를 조금 늦추고 심사숙고하면서 삶을 음미하는 것이 필요하다. 느리게 살아왔던 사람들은 열정을 가지고 변화를 일으키는 일에 뛰어들 수도 있을 것이다.

자기보다 주변을 책임지며 살아왔다면 이제는 자신을 소중히 여기며, 일하면서 놀 줄도 알고, 다양한 아이디어를 제시할 뿐 끝까지 이루어 내지 못했다면 성실하게 최선을 다해 성과를 만드는 방식에 익숙해져야 한다.

인생의 전반기가 자신의 기질을 드러내며 발달시키는 시기라면, 후반기는 부족한 기질을 발전시켜 통합에 이르는 길을 가는 것이라 할 수 있겠다.

◇◇◇◇◇◇

나와 다른 사람들을 만나며 넓어지는 마음

기질을 이해한다는 것은 나와 다른 사람을 이해하는 일차적인 도구이다. 그렇다면 어떻게 타인에 관해 더 넓게, 나에 대해 더 깊게 성장할수 있을까. 다른 사람과 선을 긋고 '나는 너와 다르니 가까이 오지 마'라고 생각하는 사람도 있고, '너와 나는 다르니 너와 내가 협력하여 더 나은 결과를 만들 수 있다'라고 생각하는 사람도 있다. 누구나 후자의 아이로 자라기를 기대할 것이다.

그렇다면 타인에 대한 포용력은 어떻게 자랄까. 아무래도 다양성을 받아들이면서 시작되지 않을까 싶다. 가장 좋은 방법은 나와 다른 사람을 많이 만나 보는 것이다. 관계를 맺으면 겉보기와는 다르다는 것을 알게 될 때가 많다. 선입견이 들어설 자리를 관계가 대신하는 것이다.

중학교 때 친한 친구의 집에 놀러 간 적이 있었다. 친구의 집은 방이 두 개뿐인 비닐하우스에 가까운 집이었다. 집안 형편에 놀란 마음을 숨기고 방안에서 친구와 잘 놀다가 집으로 돌아왔고, 그 이후 여러 차례 친구 집에서 재미있게 놀았다.

모로코 친구들의 집도 그랬다. 친구들의 집은 아파트도 있었지만 거실이자 방으로 쓰이는 방 하나와 부엌이 전부인 집들도 많았다. 얼마나 오래된 건물인지 나무가 벽을 뚫고 자라고 있기도 했다. 처음 방문하면 어디에 앉아야 하는지 어정쩡하던 내가 그들과 친해질수록 가정환경은 그저 배경이었고 아무 상관이 없었다. 피부색이 다르고, 언어가 다르다고 해도 마찬가지였다.

처음엔 수저 없이 손으로 음식을 먹는 것이 매우 어색했다. 빵으로 양념을 찍어먹는 것은 그나마 괜찮았는데 동그란 공 모양으로 쿠스쿠스를 만들어 먹는 것은 어렵기도 했다. 나중엔 누가 누가 잘 만드나를 비교해 보기도 하며 재미있게 먹을 수 있었다.

이스라엘에서는 손님이 오시면 아이들도 함께 식탁에 앉아 이야기를 듣게 한다고 한다. 아이들 연령에 따라 다르겠지만, 좋은 배움의 시간이 될 것이다. 할아버지 할머니와 함께 자란 아이들이 노인들을 한결 친밀하게 대하는 것도 다른 연령대의 벽을 넘어섰기 때문이다.

우리 주변에는 여러 집단이 있다. 나와 비슷한 사람의 집단을 동질 집단, 나와 다른 사람들이 있는 집단을 이질 집단이라고 할 때 당연히 동질 집단이 익숙하고 편하다. 그러나 내가 깨어지는 변화는 이질 집단을 만날 때 생긴다. 심리적 안전지대를 벗어나는 것이다.

우리 아이가 나쁜 영향을 받으면 어떡할까 고민되기도 하겠지만, 적절히 부모가 보호하면서도 그 경험들을 잘 해석할 줄 안다면 아이의 포용력은 넓어질 것이다. 성격이 다르고, 경제적인 배경이 다르고, 외모와 국적이 다른 아이들과 적극적으로 관계를 맺을 기회를 만들어 주자.

자기가 자란 문화와 다른 문화를 경험할수록 창조성이 높아진다는 연구 결과를 읽은 적이 있는데, 이 역시 자기만의 세계에서 빠져나와야 하기 때문일 것이다.

◇◇◇◇◇◇

어려움을 통과하며 깊어지는 마음

다른 사람을 향해 마음을 넓게 여는 것과 동시에 깊어지면 좋겠다. 어려운 상황을 통과하는 것만큼 우리를 깊게 만드는 길도 드물다. 어려움은 두 가지가 있는데, 하나는 의지적으로 선택한 어려움이고, 또 하나는 느닷없이 들이닥친 어려움이다.

의지적으로 선택한 어려움은 자신의 역량보다 높은 일이거나, 굳이 헌신하지 않아도 되는데 헌신하고 희생하기로 결정하는 경우이다.

평상시 자신의 근육에 부여되는 자극보다 더 높은 자극이 가해지면 과부하로 인해 상처가 생긴다. 그러면 근육은 더 큰 자극에 적응하도록 상처 난 근육을 재생시키면서 강해진다. 마음의 근육도 같은 원리로 성장한다.

내 수준보다 조금 어려운 것을 해낼 때, 불가능하다고 생각한 것을 해낼 때, 힘든 상황을 이겨낼 때 우리는 강해진다. 내게 버틸 수 있는 힘이 있다면 가능한 큰 대상과 씨름하자. 매일 부딪쳐야 하는 상대의 크기만큼 성장할 수 있다.

모로코에서 돌아온 후 남동생이 "누나는 더 이상 예전의 누나가 아니네."라고 말해 주었다. 낯선 나라에서 아이들을 키우며, 문화와 언어를 익히고, 수없이 갈등하며 지낸 4년의 시간이 나를 무척이나 강하게 만든 것이다. 고통을 견디는 역치가 높아졌다고 할까. 사형제를 키우며 일도 하고 책도 쓰는 삶이 어떻게 가능하냐는 질문을 받기도 하는데 그 시간이 없었으면 지금의 나는 없다고 봐야 한다.

얼마 전 소아암을 이겨 내고 대학생이 된 친구들과 진로 워크숍을 진행했다. 이야기들을 들어 보니 소아암을 겪어 왔던 경험들이 미치는 영향이 커서 여전히 혼란스러운 과정에 있다는 것을 알게 되었다. 밖으로 드러내자니 취업이나 사회생활에 부담이 될 것 같고, 가지고 있자니 내면에서 아직도 소용돌이치는 경험인 것이다.

그래서 글이나 말로 그 상황들을 복기하며 하나씩 풀어 가 보는 과정이 이들에게 꼭 필요하리라 생각했다. 워크숍 담당자에게 글쓰기 클래스를 개설할 것을 제안하고 돌아왔다. 결국 이들의 경험이 다른 사람들을 살리게 될 것이라 생각한다.

느닷없이 들이닥친 어려움은 선택한 어려움에 비하면 말할 수 없이 힘들다. 어려움이 닥칠 때 '내가 그러지 않았다면 이 일이 생기지 않았을 텐데', '내가 살면서 뭘 잘못했나?' 하며 자책하게 된다. 그러나 우리는 극심한 고통을 통과한 후에 성장한다는 것을 알고 있다. 고통을 통과하는 순간 더 이상 예전의 내가 아니다.

이것을 외상 후 성장(post-traumatic growth)이라고 한다. 모든 사람이 외상 후 성장을 경험하지는 않지만, 고통을 치열하게 고민하며 해석하고 넘어서는 사람은 '상처 입은 치유자'가 된다.

작년 5월, 아이에게 오염 강박 증상이 나타났다. 학교에서 지속적인 스트레스를 받은 아이는 어느 날 갑자기 우리 집 계단이 더럽다며 걸레를 들고 나가기 시작했다. 학교에서 집으로 오는 길이 다 오염되었다는 것이다. 동생들이 학교에서 돌아올 때마다 소리를 지르면서 당장 화장실로 가 씻으라고 호통을 쳤다. 물티슈를 들고 다녔고, 다른 사람들이 자기를 만지지 못하게 손짓으로 방어하기 바빴다.

더 이상 학교를 다닐 수 없었고, 결국 병원에서 처방받은 약을 먹으며 이 상황을 통과해야 했다. 부모도 힘들지만 아이가 가장 힘들다. 다른 사람은 이해할 수 없더라도 아이가 느끼는 어려움이 아이에게는 진실인 것이다.

'그저 옆에 있어 주자, 먹고 싶다는 것 해 주자. 힘들어하면 안아 주자.' 이렇게 마음먹었지만 아이의 행동을 보고 있자니 너무 힘들어 "물티슈로 그만 좀 닦아!"라고 소리치기도 했다. 아이는 나도 힘든데 어떡하냐며 울어 버리고, 나는 그 모습이 또 안쓰러워 안아 주며 엄마가 이해 못 해서 미안하다고 말해 주곤 했다.

6개월이 지난 지금 아이는 더 이상 약을 먹지 않는다. 학교 근처에

아이가 관계와 환경 속에서 넓어지고 깊어지는 과정을 거쳐야 할 때,
부모는 언제든지 아이가 돌아와 쉴 수 있는 베이스캠프라면 좋겠다.

도 가기 힘들어하던 아이가 학교 앞까지 놀러 다닌다. 폭풍 속 같았던 6개월이었다. 어려움을 통과한 아이는 한 뼘 이상 성장했고, 나는 아이를 데리고 정신의학과에 가기로 결정하고 때때마다 약을 먹이는 엄마 심정을 더 깊이 이해하게 되었다.

아이가 관계와 환경 속에서 넓어지고 깊어지는 과정을 거쳐야 할 때, 부모는 언제든지 아이가 돌아와 쉴 수 있는 베이스캠프라면 좋겠다. 앞이 안 보이는 상황일지라도 버티면서 아이를 지지하자. 폭풍우가 지나고 햇살이 비칠 때 되돌아보면 우리에게 왜 그 일이 일어났는지 알게 될 것이다.

다양한 사람들을 이해하는 아이로 키우려면?

1. 자녀가 성격이 다른 아이, 경제적인 배경이 다른 아이, 외모와 국적이 다른 아이와 관계 맺을 기회를 가지고 있나요? 어떤 배움이 일어나고 있나요? 만일 그렇지 않다면 어떻게 기회를 만들 수 있을까요?

2. 우리의 기질 성숙을 위해 요즘 노력하고 있는 부분은 어떤 부분인가요? 어떤 장애물이 있나요? 그 장애물을 극복하기 위해서는 어떻게 하면 될까요? 누구(무엇)의 도움을 받을 수 있을까요?

PART 8

기다리고 기대할 줄 아는 아이

자 기 통 제 력 을 중 심 으 로

자기 통제력은 건강한 자존감과 더불어 훈육의 두 가지 목표이다. 양육이 아니라 훈육이라고 쓴 까닭은 훈련의 개념이 필요하다는 뜻이다. '훈련'이라고 하면 반려동물 훈련이 떠오르고 사람은 개가 아닌데 무슨 훈련을 하냐며 반감을 가질 수 있겠으나, 인사, 식사 예절, 감정 조절, 몸 관리 등등 우리 삶의 많은 부분이 실제 훈련으로 만들어진다.

스캇 펙(Scott Peck)은 『아직도 가야 할 길』에서 '훈육은 문제 해결의 고통을 건설적으로 취급하는 기술 체계'라고 정의했다. 삶은 문제의 연속이며, 그 문제를 해결하기 위해 필요한 것이 훈육이다. 부모가 아이들과 함께 기쁜 순간, 고통스러운 순간을 함께 통과하면서 버텨 준다면 아이들은 잘 자라게 된다.

나는 큰아이를 6살부터 초등학교 4학년까지 홈스쿨링으로 키웠다. 지금은 한국에서도 홈스쿨링을 하는 가정이 많아졌지만, 내가 홈스쿨링을 시작할 시기에는 드문 일이었다. 홈스쿨링을 하면 대부분의 시간을 아이와 함께 해야 하는데, 이름을 불러도 대답하지 않고, 해야 할 일도 하지 않는다면 이것은 홈스쿨은커녕 홈지옥일 것이다.

그 당시 막막했던 나는 여러 책을 구해 공부했는데 아이의 훈련 부분을 매우 강조한 것에 놀랐다. 특히 엄마이자 교사였고, 미국에서 자녀 양육 세미나를 오랫동안 이끌었던 베티 체이스(Betty Chase)의 책에서 많은 깨달음을 얻었고, 그 방법을 사형제 훈육에 적용해 보았다. 그 과정에서 체득한 자기 통제력 훈련법을 나누고자 한다.

◇◇◇◇◇◇

[훈련 1] 경청 훈련

부모가 하는 말 '안 돼'를 알아들을 무렵 시작하는 훈련법으로 두 돌 정도부터 가능하다. 아이가 미취학 시기라면 시작하기에 더 좋고, 늦더라도 초등학교 저학년 이전이면 좋을 것이다. 경청 훈련은 부모가 이름을 부르면 얼굴을 돌리고 부모의 눈을 보면서 "네!"라고 대답하는 것을 익히는 훈련이다. 이는 사실 상대를 존중하는 훈련이기도 하다.

아이를 불러 놓고 "아빠 엄마가 네 이름을 부르면 고개를 돌려서 '네'라고 대답해."라고 말해 주면 된다. 아이가 어리다고 해도 이 정도는 알아듣는다. 더 길게 말하면 집중하지 못한다. 만일 초등학교 저학년 이라면 더 자세하게 설명해 주어야 한다.

"대훈아, 엄마가 네 이름을 부르는데도 잘 대답하지 않더라. 그러면 네 이름을 또 부르게 되잖아. 그래도 대답하지 않으면 화난 목소리로 부르게 돼. 엄마는 무시당한다는 생각이 들거든. 이제 네 이름을 부르면 엄마 눈을 보고 '네'라고 대답하면 좋겠어. 네 생각은 어때?"

이렇게 말하고 나서 조금 후 아이의 이름을 불러 본다. 처음에는 대답하지 않을 수도 있다. 당연하다. 훈련이 되지 않았기 때문이다. 이름을 부르면 고개 돌려 대답하라고 가르치고 나서 일주일 정도의 훈련이 필요하다. 한 번 가르치고 아이가 대답하지 않는다고 해서 대뜸 "아빠 말이 말 같지 않니?", "엄마 말 무시하는 거냐?"라고 했다면 너무 빠른 반응이다. 무엇이든 새로운 것을 가르쳤다면 몸과 마음에 익힐 시간이 아이에게도 필요하다.

그래서 훈육은 '가르침(1단계)-훈련(2단계)-수정(3단계)' 단계를 거치게 된다.

가르치고 나서 훈련 단계를 거치지 않고, 바로 수정 단계로 들어가는 경우가 많다. 이 경우 아이는 억울하다. 처음 배우는 것이 아닌가. 아이가 고개를 돌리고 "네!"라고 대답하면 마음껏 칭찬하자. "참 잘했어. 눈을 보고 대답하니까 참 좋구나."라고 말이다. 아이가 고개를 돌려 눈 맞춤에 익숙해지면 이제 고개를 돌리지 않고 "네!"라고만 대답해도 된다. 이미 귀가 부모를 향해서 열려 있기 때문이다.

자녀 양육 세미나에서 경청 훈련을 알려 준 뒤 그 결과를 일주일 후에 들어 본다. 그럼 "아이가 말을 안 듣는 줄 알았는데 가르치지 않아서였어요.", "아이가 '네'라고 대답하니 존중받는 것 같아서 더 좋은 마음으로 이야기를 할 수 있었어요."라고들 하신다.

'아들들 키우느라 성대 결절이 오지 않느냐', '아들 둘 키우면 엄마가 깡패가 된다는데'라는 이야기들을 자주 듣는다. 생각보다 목소리가 아

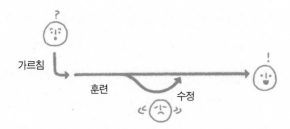

주 높아지는 일이 많지 않았던 이유는 어려서부터 경청 훈련을 한 덕분일 것이다. 물론 아이가 다른 일에 몰입하고 있으면 듣지 못할 수도 있으나 "대답해야지!"라고 한 번 더 요청하면 "네!"라는 대답이 돌아온다.

아이가 몰입해 있는데 꼭 그래야 하냐고 할지도 모르겠다. 물론 아이가 몰입하고 있는 상황에서는 아이를 되도록 부르지 않는 것으로 그 시간을 존중해 주면 된다. 그러나 이렇게 질문해 보자. 만일 직장에서 상사가 이름을 불러도 대답하지 않는다면 어떨까? 또한 부모의 말을 경청하고 존중하지 않는 아이가 다른 성인의 말에 잘 대답하기를 기대할 수 있을까? 상대의 말을 존중하는 훈련이 안 된 아이는 누가 가장 무서운 사람인지에 관심을 가진다. 나를 야단치는 사람, 두려운 사람의 말만 들을 가능성이 높다.

◇◇◇◇◇◇

[훈련 2] '하나 둘 셋' 행동 수정법

'하나 둘 셋' 훈련은 해서는 안 되는 행동을 했을 때 '하나 둘 셋'을 세고 그래도 듣지 않으면 방석이나 의자 등 이미 협의된 장소로 이동하여 아이의 행동을 중지시키는 훈육법이다. 아이가 가르침을 이해했고 훈련이 되었는데도 고의로 반항하는 경우에 적용할 수 있다.

첫아이 3살 무렵에 이 훈련을 시작했다. 무슨 일이었는지는 기억나지 않지만 아무튼 고의적으로 반항을 했고, '하나 둘 셋'을 센 후에도 고집을 꺾지 않자 아이를 방석이 있는 곳으로 데리고 갔다. "잘못하면 여기 않는 거야."라고 이야기하는데 이미 사태를 파악한 아이는 울고불고 소리를 지르며 뒹굴었다. 난생 처음 자신의 고집이 꺾인 경험이었다. 누가 아이의 울음소리를 들었다면 엄청 매를 맞는 줄 알았을 것이다.

아이의 그런 모습을 처음 본 나는 매우 당황했다. 뭔가 잘못하고 있나 하는 생각이 들기도 했다. 다행히 남편이 집에 있었는데, 그런 나에게 저쪽에 가 있으라고 하고는 악을 쓰며 뒹구는 아이 앞에 양반다리를 하고 앉아 아무 말 없이 기다렸다. 시간이 꽤 지나고 아이가 울음을 멈추자 똑바로 앉으라고 한 후 눈을 마주 보면서 "네가 잘못했기 때문에 여기 온 거야."라고 하자 알아들은 눈치였다. 남편은 아이를 포옹하면서 훈련을 마무리했다. 그 이후로도 종종 방석에 앉아야 했지만 처음 같은 사태는 일어나지 않았다.

아이가 친정에서는 첫 손주라 외할아버지 외할머니가 무척이나 예뻐하셨다. 어느 날 할아버지는 집으로 아이를 데리고 가셨고 할머니는 손자를 환영하는 의미로 거실에 방석을 깔아 두셨다. 아이가 방석을 보자마자 안 앉겠다며 고개를 좌우로 흔든 모양이다. 바로 전화가 왔다.

"너는 애를 얼마나 잡았으면 애가 방석을 보고 경기를 하나?"

"잡긴 뭘 잡았다고 그러세요?"

"애가 난리다, 난리. 앞으로는 그러지 마라."

"엄마는 잘 알지도 못하시면서……."

아마 할아버지 할머니와 함께 살았다면 훈육이 지속적으로 이루어지기 어려웠을 것이다. 조부모님은 손주가 예쁘니 훈련하는 것을 반대하기 쉽고, 그래서 아무런 훈련 없이 초등학생이 되어 버린다면 뒤늦게 훈육해야 하는 짐은 모두 부모의 몫이다. "애가 뭘 알겠어, 그냥 둬라." 라고 한다고 해서 중단하면 안 된다. 아이들은 어려도 다 안다.

'하나 둘 셋' 훈련의 방법은 다음과 같다.

---

1) 이름을 부른다(목소리를 낮춘다).
2) 눈을 본다.
3) '하나 둘 셋'을 셀 동안 멈추라고 말한다.
4) 듣지 않으면 즉시 실행한다(말이 아니라 행동으로 보여 준다).
5) 의자나 방석에서 반성하는 시간을 보낸다.
6) 마주 보고 이유를 짧게 설명하고 안아 준다.

아이의 이름을 부를 때는 평소보다 조금 낮고 엄한 목소리면 좋겠다. 하이 톤으로 날카롭게 부를 필요는 없다. 아이는 싸울 대상이 아니라 가르칠 대상이다. 그러고 나서 눈을 보게 한다. 아이에게 가르칠 때 눈을 보면서 말하는 것이 가장 좋다. 집중해서 경청하는 의미도 있고, 잘못했다고 생각할수록 눈을 보려 하지 않기 때문이기도 하다.

아이가 시선을 피하고 눈동자를 위나 옆으로 돌리면 조용히 구석으로 데리고 가서 얼굴을 감싸 안으며 시선을 마주보게 하자. "자, 아빠(엄마) 눈을 봐."라고 하고 나서 훈육을 시작해야 한다. "셋 셀 동안 그 행동을 멈추지 않으면 방석에 갈 거야.", "의자에 앉을 거야.", "벽을 보고 설 거야.", "장난감을 치울 거야." 등 어떤 것이든 괜찮다.

'하나 둘, 둘 반' 이렇게 여지를 주지 말자. 적절한 템포를 유지하면서 '하나, 둘, 셋'을 세고 나서 즉시 실행하기 바란다. 고집이 아주 센 아이의 경우 가끔은 다섯, 또는 열까지 셀 수도 있을 것이다.

둘째에게 '하나, 둘, 셋… 열'까지 세면서 아이의 표정에 드러난 갈등상태에 놀란 적이 있다. 엄마 말을 듣기 싫고, 또 엄마 말을 들어야 한다는 생각이 심하게 교차하고 있는 것이 아닌가. 아이의 기질과 상황에 따라 정도가 다르겠지만 주로 '하나, 둘, 셋'을 세는 것이 적절하다.

어떤 부모는 말을 알아듣지 못하는 돌 전부터 훈련을 하거나, 한 번에 바로 듣지 않으면 무섭게 혼을 내기도 한다. 그러면 아이는 긴장하고 두려움을 느낀다. 무섭기 때문에 대여섯 살까지는 부모가 원하는 대로 따른다. 그러다가 어느 순간 급격히 반항하는 행동을 보이거나 불안해하는 신체적 증상이 나타날 수 있다. 모든 훈련은 아이를 존중하는 것을 기본으로 한다는 것을 잊지 말자.

시간이 어느 정도 지나서 아이가 진정되거나 반성의 기미가 보이면 서로 포옹하면서 "엄마, 잘못했어요.", "아빠가 미워서 그런 게 아니야, 알지? 다음엔 잘하자."라고 주고받으면 좋겠다. 그러나 반성의 기미 없이 눈에 힘을 주고 화난 표정으로 발을 쾅쾅 구르면서 부모에게 온다면 다시 가서 앉아 있으라고 하면 된다. 시간이 더 필요한 것이다.

이 훈련은 처음 한두 번이 가장 중요하다. 이때는 부모도 아이와의 오랜 기 싸움을 예상해야 한다. 아이는 자기 인생에서 처음 자아가 꺾이는 순간이어서 크게 저항하려 하고, 또 부모가 어디까지 갈 수 있나 시험하려고 든다. 간을 보는 것이다. 밥을 안 먹기도 하고, 계속 울고 불면서 소리를 지르기도 한다. 여러 방식으로 저항하더라도 놀라지 말자. 안 죽는다.

단독 주택이라면 좀 더 나을 텐데 공동 주택이라면 옆집이 신경 쓰일 수 있겠다. 당분간 옆집에 양해를 구하더라도 처음 한두 차례는 끝까지 가 볼 생각을 해야 한다. 아이가 순한 기질이라면 그리 오래 걸리지 않을 것이다.

둘째가 4살 때였다. '하나, 둘, 셋' 훈련을 하는데. 벽을 바라보고 서 있던 아이가 "나는 엄마 말 듣지 않을 거야!"하며 고래고래 소리를 지르는 게 아닌가. 얼마나 그러는지 보려고 시계를 보았고, 아이는 25분을 소리지르며 서 있었다. 너무 충격적이었기에 아직도 생생하다.

그 모습을 지켜보던 첫째가 도저히 안 되겠다는 듯이 나를 쳐다보며 "엄마, 쟤는 왜 저래?" 하고 되물었다. 기가 막혔던 것이다. 그 당시 나는 '아, 이 아이가 지금 자신의 의지를 꺾지 못한다면 앞으로 누구의 말도 듣지 않겠구나. 자신이 최고의 기준이 되겠구나' 하는 절박함마저 느꼈다.

어느덧 6학년이 된 아들은 엄마를 보면 두 팔을 벌려 안아 주고 잠들기 전에 다정하게 뽀뽀하는 아들로 자랐다. 때로는 기도해 달라면서 까만 머리를 품에 들이밀면 왈칵 눈물이 나기도 한다.

훈련의 과정을 즐겁게 진행하는 부모나 아이는 없다. 본성을 거스르는 일이기 때문이다. 그래서 훈련의 동기는 어떤 경우라도 아이의 유

이 훈련은 처음 한두 번이 가장 중요하다.
이때는 부모도 아이와의 오랜 기 싸움을 예상해야 한다.

익과 성장을 위한 것이어야 한다. 부모의 편리를 위한 것인지, 아이의 성장을 위한 것인지 구별해야 한다(물론 아이가 잘 성장하면 부모도 편하다). 동기가 아이의 유익을 위한 것이고, 그 방법도 사랑에 기초한 것이라면 장기적으로 부모와 아이는 친밀함과 신뢰가 두터운 관계로 함께 보상을 받는다.

◇◇◇◇◇◇

[훈련 3] 효과적인 다섯 가지 양육 기술

경청 훈련과 '하나, 둘, 셋' 훈련은 초등학교 저학년 시기까지 가능한 기본적인 훈련이다. 만일 이 시기가 지났다면 효과적인 양육 기술을 익히는 단계로 진입하자. 아이는 매일같이 고민되는 상황을 안겨 주면서 자란다. 부모가 "안 하면 혼난다.", "그러면 맞는다." 등의 패만 들고 있다고 한다면 자녀를 잘 키우기는 어렵다.

이제 여러 가지 패를 쥐어 보자. 아이의 기질과 상황에 맞추어 가장 적절한 패를 선택하면 좋겠다. 훈육은 고차원적인 인지 기술이라고 할 수 있다. 시작할 때는 익숙하지 않겠지만 차차 몸에 익혀질 것이다.

1. 의사소통

의사소통의 핵심은 비난하지 말고 가르치는 것이다. 우리는 말만으로도 아이에게 충분히 폭력적일 수 있다는 것을 이미 알고 있다. 비난하지 말고 가르치고, 모욕하지 않으면서 화내는 것이 훈육의 고급 기술

다섯 가지 효과적인 양육 기술

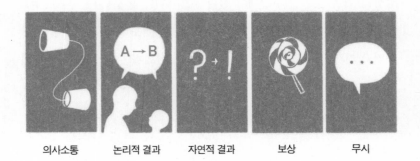

| 의사소통 | 논리적 결과 | 자연적 결과 | 보상 | 무시 |

이다. 그러려면 먼저 사실과 평가를 분리해야 한다.

학원 선생님이 아이가 10분 지각했다고 연락했다면 어떻게 생각할 것인가. 10분 늦은 것은 사실이지만 그 평가는 다양하다. '10분쯤 늦으면 좀 어때'라고 할 수 있고, '아니, 10분이나 늦다니'라고 할 수도 있다. 부모는 학원 선생님과 같은 반 학생들에게 미안할 수도 있고, 아이를 어떻게 키웠기에 지각을 하냐는 말을 들을 것 같아 싫을 수도 있다.

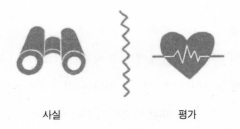

| 사실 | 평가 |

아이가 매일 10분 이상을 지속적으로 지각했는지, 그날 하루만 지각했는지도 판단의 변수이다. 아이가 집에 돌아왔을 때 어떤 이야기로 부모와의 대화가 시작될지 몇 가지 예시를 들어 보겠다.

---

1) 너는 맨날 지각이냐, 그래서 인간이 되겠냐!
2) 왜 10분이나 늦어! 하는 꼴을 보니 글렀구나.
3) 학원에서 10분 늦었다고 연락이 왔더라. 왜 늦었니?
4) 타당한 이유가 있는 경우 : 그랬구나. 다음부터는 되도록 늦지 않게 들어가렴.
5) 계속 지각하는 경우 : 한두 번은 모르겠지만, 계속 지각을 하는 것은 네 인생에 별로 좋지 않을 것 같은데. 어떻게 하면 좋을까? 우리가 도와줄 부분이 있니?

1번(너는 맨날 지각이냐, 그래서 인간이 되겠냐!)의 경우 '맨날'이라는 단어에 아이는 반감을 느낄 가능성이 높다. '맨날, 매일, 항상, 늘'이라는 말은 일방적인 평가이며 되도록 사용하지 않아야 한다.

일방적인 평가는 존재를 공격하는 것처럼 느껴진다. 공격을 받는 아이는 사실과 관계없이 방어 태세를 취하게 된다. "너는 왜 매일 늦니?"라고 하면, 제때 학원에 갔던 날을 떠올릴 것이다. 별일 없이 학원을 다니는 동안 아무 관심도 없다가 어쩌다가 한 번 지각했는데 이런 말을 듣는다면 '일찍 들어온 날은 칭찬 한 번 없더니'라는 서운한 맘이 들 것이다. 따라서 "언제 매일 늦었어? 알지도 못하면서!"라고 반박하는 대화가 이어질 가능성이 높다.

더구나 '인간이 되겠냐'는 말은 존재에 대한 비난이다. 행동에 대한 비난보다 존재에 대한 비난이 훨씬 더 상처가 깊다. 존재를 공격하면 뿌리가 흔들린다. 너 같은 게 왜 태어나서(누가 낳아 달랬나?), 나가서 죽어 버려라(정말 죽어야겠구나. 그게 편해), 동생만도 못한 놈아(동생이 없어졌으면 좋겠다, 나는 모자란 인간이구나)와 같은 말은 서서히 아이를 말려 죽이는 것 같은 말이라고 생각한다. 겉으로는 바로 드러나지 않으나 뿌리가 말라 가는 것이다.

2번(왜 10분이나 늦어! 하는 꼴을 보니 글렀구나)에서는 10분'이나'에 평가가 들어간다. '10분'과 '10분이나'는 다르다. 5분도 아닌 10분은 길다는 평가이다. 아이는 10분 정도 늦은 게 뭐가 문제냐고 생각할 수도 있다.

평가를 제대로 하려면 부모가 느끼는 것이 현재에 관련된 것인지, 과거의 경험에서 비롯된 것인지 확인해야 한다. 또한 부모가 상황을 제대로 보고 있는지 자신은 물론 주변 사람에게 종종 확인을 받는 것이 좋다. 왜 이런 아무것도 아닌 사소한 일에 화가 나지 싶다면 실제로 아이 문제라기보다 부모 자신들의 문제인 경우가 많다.

'하는 꼴을 보니 글렀구나'라는 말은 앞으로의 어떤 성장도 기대하지 않는다는 의미를 포함하고 있다. 아이는 적절히 기대하는 사람이 있을 때 그 기대가 목표가 되어 성취하려 노력하고, 그에 대한 부모의 격려와 칭찬을 먹으면서 자란다. '사람들은 고양이와 개에게도 기대하는데, 아무도 내게 기대해 주지 않아요'라는 글을 읽었다. 얼마나 가슴 아팠는지 모른다. 아무도 나에게 기대하지 않는다면 참 슬픈 일이다. 기대가 나쁜 것이 아닌데, 요즘은 과잉 기대가 문제가 되기 때문에 기대라는 말에 과민 반응이 생기기 시작한 것 같다.

3번(학원에서 10분 늦었다고 연락이 왔더라. 왜 늦었니?)은 일단 대화의 시작점에서는 적절했다. 평가하지 않고 사실을 먼저 확인했던 것이다. 여기서는 부모의 말투와 표정 같은 비언어적인 분위기가 어떠했는지가 중요하다. '왜 늦었니?'라고 신경질적 묻거나 화가 난 상태라면 이 또한 이미 평가했다고 볼 수 있다.

아이에 대해 부모의 마음을 중립 상태에 둔 다음 이유를 물어야 한다. 아이를 추측해서 판단하지 말고 사실 그대로 듣고자 해야 한다. 만일 교통이 정체되었거나, 피치 못하게 급한 일이 생겼거나 등의 타당한 이유가 있을 수 있다.

그렇다면 4번(그랬구나. 다음부터는 되도록 늦지 않게 들어가렴)의 반응이 적절하다. "그래, 차가 막히는 구간이라면 조금 서둘러 출발하면 어떻겠니?" 또 급한 일이 생겼다면 "큰일 날 뻔했구나. 수고했네. 다행이야."라고 마무리하면 좋겠다.

5번과 같이 계속 지각한다면 조금 더 복잡하다. "한두 번은 모르겠지만, 계속 지각을 하는 것은 네 인생에 별로 좋지 않을 것 같은데?"라고 이야기를 꺼내 보자. 아이가 문제의 핵심에 직면하고 성찰할 수 있다면 성공이다. 이런 일 때문에 창피하다는 등 제때 학원도 못 가냐는 등 아무런 도움이 되지 않는 푸념을 하는 것이 아니라 아이 인생에 미칠 영향을 이야기하고 어떻게 도울 것인지가 대화의 핵심이어야 한다.

아이들은 자신의 문제에 직면할 때 진지하게 받아들이는 경우가 많다. "어떻게 하면 좋을까? 우리가 도와줄 부분이 있니?"라고 물어보자. 약속 시간을 잘 지키는 사람이라야 사람들이 신뢰한다는 것을 말해 주자. 긴 잔소리는 부모의 불안을 해소하는 방편일 뿐이다. 가르침은 짧고 굵게 핵심적으로 하고, 도움이 필요하다면 부모에게 요청하도록 하자.

2. 논리적 결과

행동에 대한 논리적 결과를 제공하는 것이다. 이 방법은 아이와 기 싸움이 강할 때 효과적이다. 예를 들어 자전거를 아무 데나 세워 놓는 행동을 고쳐야 한다면 어떻게 할 것인가? 자전거를 부숴 버린다고 말하는 것은 큰 의미가 없다. 정말 부숴 버리지 않을 거라면 말이다. 논리적 결과를 제공하는 데는 5단계가 필요하다.

1단계, 아이와 단둘이 마주보고 앉는다.
2단계, 설명을 간단히 한다. "자전거를 아무 데나 두면 자전거가 파손되기도 하고, 다른 사람의 통행에 방해가 되겠지."
3단계, 논리적 결과를 제안한다. "앞으로 자전거를 지정된 장소 또는 자전거 거치대에 두자. 그렇지 않으면 3일간 자전거를 탈 수 없는 걸로 할게."
4단계, 3단계 제안에 대해 아이의 의견을 묻는다. "네 생각은 어떠니?"
5단계, 협의한다. 3일이 지나치다고 한다면 협의하여 조절하거나 대안을 제시한다.

모든 단계가 끝나고 나서 자전거를 아무 데나 둔다면 5단계의 협의 사항을 바로 시행한다. 시행하는 과정에서 아이가 떼를 쓰든 다른 안을 제시하든 일단 협상하지 않는 것이 좋다. 일단 한 번은 시행하고 나서

논리적 결과의 5단계

마주보고 앉는다 ▶ 간단히 설명한다 ▶ 논리적 결과를 제안한다 ▶ 아이의 의견을 묻는다 ▶ 협의한다

필요하면 다시 협상해야 한다.

해결해야 할 주제와 논리적 결과는 명확하게 하자. "네가 말을 안 들으면 TV를 못 보게 할 거야." 같은 말은 모호하다. '말을 안 들으면'의 경우에 다양한 해석이 가능한 것이다. 이 경우에 '식탁에서 밥을 먹지 않는다면', 혹은 '동생을 때리면'과 같이 부모와 아이가 그 일이 일어났을 때 모두 이해하고 동의할 수 있게 구체적으로 표현되어야 한다. "TV를 못 보게 할 거야."도 마찬가지이다. 몇 분인지, 몇 시간인지, 며칠인지가 명시되면 좋겠다. 자칫 화가 난다고 해서 하루 종일 TV를 못 보게 한다면 오히려 부모가 아이보다 더 힘들 수 있지 않겠는가. 부모나 아이 모두 감당할 수 있어야 한다.

6살 아이의 엄청난 고집을 논리적 결과로 다룬 이야기를 최근에 들었다. 서울대공원에 놀러가기만 하면 공원 근처 장난감 가게를 지나치지 못하고 장난감을 사 달라고 울고불고 떼를 엄청 썼다는 것이다. 아이의 행동을 고쳐야겠다고 마음먹은 부모는 아이와 단단히 약속을 했다. "다음에 또 서울대공원 앞 장난감 가게에서 울고불고 떼를 쓰면 곧바로 집으로 돌아올 거야. 알겠지?" 아이도 그러겠다고 다짐했다.

그 이후 어떻게 되었을까? 아이는 똑같이 떼를 썼고, 약속대로 누나와 아빠만 서울대공원 안으로 들어갔다. 아이와 엄마는 곧바로 집으로 돌아왔다. 그 이후로도 아이의 행동은 고쳐지지 않았고, 여섯 차례나 같은 상황이 반복되었다. 여간 고집 센 것이 아니었다.

마침내 일곱 번째 서울대공원에 가는 날, 온 가족이 평화롭게 함께 대공원으로 입장할 수 있었다. 이 아이는 부모의 일관성을 계속해서 시험했고, 부모는 아이를 존중하면서도 분명한 행동으로 부모의 입장을 보여 주었다.

수족관에서 한 아이가 계속 손으로 어항을 두드린다. 이런 행동은 물고기에게는 지진 같은 충격을 준다. 부모는 수족관 주인의 걱정에 아랑곳하지 않고 "우리 착한 아이가 왜 그러지?", "그러면 안 되지." 하면서 졸졸 따라다니고만 있다. 어떻게 해야 할까?

아이의 행동을 고치고 싶다면 행동으로 보여 주어야 한다. 말은 행동을 변화시키기 어렵다. 일단 아이의 손목을 잡고 눈을 보면서 어항을 두드리면 안 된다고 엄하게 말해 주고, 그래도 같은 행동을 한다면 바로 데리고 밖으로 나가야 한다. 그리고 그 행동이 왜 안 되는 것인지, 얼마나 부적절한지 말해 주고, 아이가 수족관 주인에게 잘못했다고 사과하도록 해야 한다. 이제까지 잘 훈련된 아이라면 이 과정이 순조로울 것이고, 훈련이 안 된 아이라면 수족관 밖에서 도망가거나 드러누울지도 모르겠다.

스마트폰 사용은 집집마다 가장 어려운 숙제이다. 초등학교 고학년 아이가 몰래 스마트폰을 사용했다고 6개월을 금지시킨 가정이 있었다. 나는 깜짝 놀라서 누가 그 규칙을 정했냐고 물었더니 엄마 혼자만의 일방적인 결정이었다.

이 경우 아이와 협의하지 않았고, 6개월이라는 시간이 너무 길어서 아이가 몹시 화가 나 있을 가능성이 높았다. 엄마에게 의견을 제시할 수 없다면 아마 동생에게 화풀이를 하거나 부모 몰래 다른 상황에서 화를 표출할 것이다.

중학생에게 스마트폰 사용 잠금을 원격으로 걸어 두고 관리하는 가정이 있었는데, 아이가 공부할 때는 스마트폰을 안 보기로 했던 약속을 지키지 않았다고 갑자기 엄마가 스마트폰 사용 시간을 줄여 버렸다. 약속을 안 지켰을 경우 어떻게 할 것인지에 대한 논의는 없던 차였다. 그 사실에 아이는 화가 나서 왜 그랬냐는 메시지를 보내왔다.

이 경우 어떻게 해야 할까? 집에 가면 아이는 화난 얼굴로 엄마를 대할 것이다. 자기가 잘못한 것은 맞지만 존중받지 못했다고 느꼈을 것이다. 이럴 때는 엄마도 화가 나서 그랬다고 일단 인정하고 아이에게 사과해야 한다. 서로 합의되지 않은 상태에서 갑자기 일어난 일이기 때문이다.

그 다음에 아이와 다시 이야기를 하면 좋겠다. 중학생에게 원격으로 잠금을 하는 것이 어떤 영향을 주는지, 자발적인 통제가 불가능한 것인지, 정말 학령에 맞는 규칙인지, 만일 아이에게 자율성을 준다면 무엇을 기대해야 하는지를 함께 대화해 보자. 초등학생 때까지는 스마트폰을 되도록 늦게 가지게 하는 것이 좋을 것이다. 스마트폰이 있다면 세상 모든 것이 다 재미가 없다. 부모가 좀 힘들더라도 자기 통제력 훈련을 위해 견뎌 보자.

새로운 것에 호기심이 많은 아이는 명품이나 신제품에 관심이 많다. 너무 비싼 나머지 부모는 깜짝 놀랄 것이다. 명품이 아니더라도 매주 부모에게 옷을 사 달라는 아이도 있다. 매달 몇 십만 원을 옷값으로 지출한다. 아이가 꼭 가지고 싶다고 한다면 부모는 어떻게 해야 할까?

여러 가지 방법이 있겠다. 스스로 용돈을 저축해서 구입하면 좋겠지만, 그 정도로 부족하다면 용돈 외에 추가로 돈을 버는 방법을 열어 둘 수도 있다. 무엇보다 부모가 아이의 옷값으로 사용할 수 있는 한계를 명확하게 알려 주는 것이 좋다. 어떤 조건에 대해 보상으로 사 줄 수도 있겠으나 자주는 안 될 것이다. 중고 거래를 이용하든, 아르바이트를 하든 아이는 스스로 방법을 찾아가야 한다.

아이의 행동에 대한 논리적인 결과를 계획하고 협의하는 과정은 상당히 머리 아픈 과정일 수 있다. 그래서 아이를 키우는 것은 고차원적인 정신 활동이란 생각도 든다. 이 과정을 통해 아이는 자신의 행동에 대해 책임지는 법을 배우며, 더불어 협상 능력도 함양하게 될 것이다.

3. 자연적 결과

자연이 가르치게 하는 것이다. 어린아이들이 겨울철에 부모와 갈등이 있는 경우는 파카를 안 입고 밖으로 나가겠다거나 구멍 숭숭 뚫린 슬리퍼를 신겠다고 하는 경우이다. 내복만 입고 나가겠다고 하기도 한다. 이런 경우 문 앞에서 실랑이를 하기 일쑤이다. 이런 행동을 부모가 허용하지 않는 이유는 아이가 감기 걸리면 안타깝기도 하고, 그 다음에 감당할 일이 많을 뿐더러 이웃 사람들이 부모가 누구기에 저 모양으로 애를 내보냈냐고 할까 봐 그렇기도 하다.

아이가 하고 싶은 대로 파카 없이 슬리퍼를 신은 채 추위를 겪게 해 보자. 더 이상 실랑이할 필요가 없어질 것이다. 얼마나 추운지, 얼마나 발이 시린지 스스로 겪으면 행동이 달라진다.

혹시 활동하기 불편해서 아이가 거부하는 것이라면 얄팍한 파카를 준비하고, 방한용이 아니더라도 뛰어놀기에 편안한 운동화나 털이 달린 슬리퍼를 신게 하자. 목 폴라가 답답해서 싫은데 겨울이면 엄마가 강제적으로 입게 해서 참 싫었다는 친구가 생각난다. 자신의 몸에 대한 감각을 신뢰할 수 있도록 꼭 필요한 것이 아니면 아이의 의견을 존중해 주는 것도 좋다.

온도가 확 떨어지던 겨울날, 밖으로 나가려는 아이에게 따뜻하게 패딩 점퍼로 바꿔 입으라고 했지만 괜찮다면서 그대로 나가버렸다. 괜찮다는 아이와 더 이상 밀당할 필요는 없다.

나는 아이가 들어올 무렵에 집을 따뜻하게 해 놓았다. 뜨끈한 국밥도 준비했다. 추위에 떨다가 감기 기운이 있을지도 모른다고 생각했는데 아이는 추운 기색도 없이 멀쩡했다. 그리 춥지 않았던 모양이었다. 꽤 추운 날씨라 생각했는데 아이에게는 대수롭지 않은 추위였던 것이다. 아이는 겨울에도 짧은 외출엔 슬리퍼만 신고 나간다.

반대의 경우도 있겠다. 아이가 춥다는데 부모는 뭐가 춥냐고 하는 경우이다. 이런 경우 뭐가 춥냐고 하기보다 안 추운 부모가 옷을 벗어서 아이에게 주는 것이 나을 것이다.

집 앞 벤치에서 노숙을 하고 싶다는 초등학생도 있었다. 집은 군 관사여서 외부인 출입이 통제되어 있긴 하지만, 초겨울이어서 날씨가 쌀쌀했고, 밤이면 기온이 뚝 떨어질 무렵이었다. 아이가 계속 졸라 대니 아버지가 하는 수 없이 허락했고, 아이는 서둘러 박스와 침낭을 들고 집 앞으로 나섰다.

몇 시간이 지났을까. 얼마간 버티려고 애쓰던 아이는 더 이상 안 되겠는지 너무 춥다며 집안으로 들어왔다. 사실 아버지는 걱정스러운 마음으로 창문 곁을 떠나지 못하고 아이를 내다보고 있었다. 몇 번이나 슬그머니 나가 보기도 했다.

그 이후 아이는 노숙하고 싶다는 말을 하지 않았다고 한다. 한번 해 보면 행동에 대한 결과를 아는 법이다.

학교에 가져갈 신발주머니를 집에 놓고 왔다면 자신의 행동에 대한 책임을 지면 된다. 신발주머니를 안 가져간 날 우리 아이는 하루 종일 실내화 없이 양말로 지냈다고 했다. 그 다음부터는 열심히 챙겨서 간다. 늦잠을 자느라고 아침밥을 굶었다면 배가 고플 수밖에 없다. 자연스러운 상황이 가르치는 것이 어떤 가르침보다 더 나을 때가 있다.

4. 보상

'보상'을 떠올리면, 가장 먼저 상금을 주거나 장난감을 사 주는 등 눈에 보이는 것들이 연상된다. 어릴수록 잘한 행동에 대해 물건을 사 주는 것으로 보상하는 것은 그리 바람직하지는 않다. 예를 들어 유행하는 장난감을 세트로 한꺼번에 사 준다거나, 상금이라는 이름으로 또래들이 경험하기에는 많은 돈을 쓰게 할 경우 부적절한 행동을 할 수도 있다. 장난감이나 용돈을 친구들에게 나누면서 잘난 척을 하거나 환심을 사기도 하고, 이를 역이용하려는 친구들이 다가올 수도 있다.

아이가 초등 3학년 때의 일이다. 크게 잘한 일이 있어 칭찬하면서 용돈을 평소보다 꽤 많이 준 적이 있었다. 주면서 잠시 고민이 되었으나 잘 사용하겠지 기대했다. 그 다음날 학교에서 돌아온 아이가 5천 원이 더 필요하다는 것이다. 어제 건넨 용돈은 어디에 쓰고 왜 돈이 더 필요하냐고 물었으나 대답을 안 한다.

학교에서 돌아온 형과 동생이 전한 상황을 조합하자 아이의 행동에 대한 퍼즐이 들어맞았다. 아이가 학교 운동장에서 돈을 흔들며 "이거 가질 사람? 여기 여기 붙어라!"라고 외친 모양이었다. 그 모습을 본 짝꿍이 그 다음날부터 책상에 금을 긋고 금을 넘어오면 천 원씩 내놓으라고 윽박지르기 시작했다. 그 돈이 쌓여서 5천 원을 그 아이에게 줘야 하는 상황이었다.

아들이 가지고 있던 돈은 그날 모두 압수했고, 담임 선생님께 상황을 설명하고 의논하는 문자를 보냈다. 이러한 상황은 어른이 개입할 만한 일이라는 것을 아이에게 인식시키려고, 또 이렇게 처리해야 한다는 점을 알게 하려고 선생님께 보낸 문자를 아이와 공유했다.

선생님은 사실을 확인하겠다고 답문을 보내셨고, 다음 날 사태는 잘 해결되었다. 아이는 용돈을 압수당하면서 눈물을 뚝뚝 흘렸고, 선생님과 엄마가 주고받는 문자 메시지를 보면서 스스로 어떤 행동을 했는지 깨달았다. 부적절한 행동에 대한 책임을 이렇게 배우는구나 싶었다.

보상이 잘 활용되는 경우는 아이에게 기초 생활 훈련을 할 때이다. 세수, 양치, 식사, 취침 등 일상 활동을 잘했을 때 적용하는 방식인데, 어린이집에서 볼 수 있는 포도송이나 한 그루 나무 모양의 종이에 칭찬 스티커를 주고 붙이게 하는 것이다. 아이는 성취감을 느끼고 부모는 생활 훈련을 좀 더 쉽게 할 수 있다. 일석이조의 효과이다.

매일 반복하는 세수, 양치, 식사, 취침 같은 활동이 제대로 이루어지지 않아서 아이와 자주 갈등한다면 부모가 너무 힘들다. 번번이 세수를 안 하려 하고, 양치질을 짜증내면서 하고, 돌아다니면서 식사하고, 잠자기 전에 징징거리는 습관이 있다면 매일 피곤하고 지칠 것이다.

생활에 필요한 훈련들을 잘할 때마다 스티커를 붙이게 하고, 포도송이나 나무 한 그루의 열매에 스티커를 다 붙이면 어떤 보상을 할 것인지 미리 이야기하는 것이 좋다. 아이에게는 이미 스티커 하나를 받을 때마다 보상을 하는 것이므로 대단히 큰 보상을 할 필요는 없다.

어떤 보상을 할 때는 외적 보상이 내적 보상을 방해하지 않도록 균형이 있어야 할 것이다. 외적 보상이란 어떤 목적을 달성했을 때 외부에서 주어지는 돈, 음식, 권리 같은 것이고 내적 보상은 목적 달성 그 자체가 만족과 성취가 되는 것이다. 책을 읽고 공부를 하는 것은 그런 활동을 하는 자체만으로도 내적 보상이 된다.

아이가 어리다면 외적 보상이 관계와 같이 가는 관계적 보상을 계획해 보자. 예를 들어 엄마와 아이가 좋아하는 음식을 먹으러 가기, 아빠와 야구장에 가기, 친구들과 함께 잠자기도 좋고, 아이가 자기 전에 마사지 해 주기, 아이를 매일 한 번씩 안아 주기 같은 쿠폰을 발행할 수도 있겠다.

아이가 중고생이 되면 부모와 함께하기보다 친구들과 함께하기를 원할 테니 아이가 바라는 보상을 하는 것도 좋을 것이다. 물론 엉덩이를 두드려 주거나 안아 주고, 칭찬과 격려를 하는 것은 기본적이고도 아무리 자주 해도 지나치지 않은 최고의 보상이다.

5. 무시

무시를 사용할 수 있는 대표적인 상황은 아이가 울고 떼씀으로써 의견을 관철시키려고 할 때이다.

예를 들어 거실에서 목청 높여 울고 있는 아이에게 "마음껏 울고 나서 이야기하자."라고 하고 방으로 들여보내거나 부모가 자리를 피하는

선물 같은 경제적인 보상보다 더 좋은 보상은
함께하는 관계적 보상이다.

것이다. 떼를 쓰는 아이는 청중을 필요로 하는데, 청중이 되기를 거부하는 것이다. 아이는 방에 들어가면 막상 울 이유가 없어지는 경우가 많다. 그러나 아이가 분노할 만한 이유가 있었다면 아이의 울음소리에 귀를 기울여야 한다.

아침마다 아이가 힘들게 한다는 엄마가 찾아왔다. 초등학교 5학년 아이는 자신이 원하는 시간보다 10분이라도 늦게 깨우면 학교에 갈 때까지 짜증을 내며 엄마를 괴롭혔다. 그런 아침이면 아이를 학교에 보내고 나서 맥이 빠진다고 했다.

해결책은 이러했다. 아이가 일어나기를 원하는 시간에 알람을 맞추고 스스로 일어나기, 아침에 두 번 7시 30분과 8시에 엄마가 깨워 주기로 약속하기, 만일 그 시간에 깨웠는데 아이가 일어나지 않고서 짜증을 부린다면 엄마는 네 짜증을 받아 주기가 힘드니 목욕탕을 간다거나 방에서 이어폰으로 음악을 들어도 되겠냐고 하기 등등을 아이와 미리 협의하라고 했다.

아이가 5학년이라면 스스로 할 수 있어야 하고, 학교와 집의 거리가 걸어서 3분 거리이기도 해서, 아이를 방임하는 것이 아니라 아이의 불필요한 짜증을 고치는 방법이었다. 일주일 후 다시 통화하자 일주일간 한 번도 아이와의 갈등이 없어 편안한 아침을 보냈다고 했다. 논리적 결과와 무시를 사용한 방법이 통한 것이다. 또한 없어지기를 원하는 행동에는 무관심하고, 그 행동을 안 할 때 관심을 가지는 방법이 아이의 행동 수정에 효과적이다.

[훈련 4] 맞아도 싼 사람은 없다

양육에서 가장 민감한 주제는 바로 '매'이다. 가장 안 좋은 방법은 분노를 폭발하면서 무차별적으로 손에 잡히는 것을 가지고 분이 풀릴 때까지 아이를 때리는 것이다.

내게도 매에 대한 부끄러운 기억들이 있다. 운전을 할 때 뒷자리에 있는 아이들끼리 서로 싸우고 소리를 지르다가 우는 경우가 종종 있었다. 그럴 때 운전석에 앉은 채 뒷좌석으로 몸을 돌려 빈 페트병으로 아이들을 몇 번 때렸다. 팡팡! 빈 페트병이라 공포 분위기도 조성되고, 청각이 예민한 내가 아이들의 싸우는 소리와 울음소리를 계속 듣다가는 사고를 낼 것 같아 화가 났던 것이다. 장거리 운전을 해야 할 때는 새벽이나 늦은 밤에 아이들을 재우면서 주행하는 편이 차라리 나았던 시절의 얘기이다.

또 나를 화나게 하는 것은 식탁에서 밥을 느적느적 먹거나 반찬 투정하는 것이었는데, 참다 참다 숟가락으로 머리를 때리기도 했다. 꼭 맞는 아이가 있었다. 가장 최악의 경우는 빗자루로 정신 줄을 거의 놓고 때렸던 경우였다. 3학년 아이에게 왜 이러지 하면서도 이미 스스로 제어가 되지 않을 정도였다.

아이는 마구 때리는 매를 그대로 맞고 얼음같이 굳었고, 지켜보던 다른 아이들은 아무 말도 못하고 서 있었다. 플라스틱 빗자루 손잡이가 부러질 지경이었으니 얼마나 살벌했겠는가. 상황이 그렇게 종료되고,

나는 자책감에 휩싸여 어쩔 줄 몰라 방으로 들어와 버렸다.

저녁에 남편이 돌아오고 나서 아이들을 한자리에 모이게 한 다음 약속과 부탁을 했다. "엄마가 다시는 때리지 않을게. 정말 미안하다. 엄마 스스로 통제가 안 되는구나. 앞으로 엄마가 때릴라치면 누구든지 나서서 엄마를 말려라."

정말 참담한 심정이었다. 너무 화가 나면 눈에 아무것도 안 보인다는 말이 무엇인지 알 것 같았다. '내가 나를 믿을 수 없구나'를 처절하게 깨달은 날이었다.

그리고 몇 달이 지나지 않아, 바로 그 아이가 멀쩡한 표정으로 거짓말을 하다가 들통이 나고 말았다. 어떻게 표정 하나 흔들리지 않고 거짓말을 하는지 놀라고 실망스러웠다. 화가 머리끝까지 났고 소리 지르면서 아이 등을 세차게 내리쳤다. 찰싹! "어떻게 이렇게 아무렇지 않은 표정으로 거짓말을 하니? 앞으로 너를 어떻게 믿으라는 거야?"

아이들은 등을 때리는 소리가 들리자마자 우르르 달려와서 내 손을 잡았다. "엄마! 때리지 않기로 했잖아요!"라고 하고, 나는 "이거 봐, 맞아야 해! 어떻게 이러냐?"라면서 소리쳤다. 그러나 계속 아이들이 말리자 확실히 예전보다 금방 정신이 돌아왔다. 이제는 사형제 모두 10대가 되었고, 매는 우리 집에서 사라졌다.

매에 대한 이야기를 써야 할지 말아야 할지 정말 많이 망설였다. 요즘은 체벌 금지가 상식이고, 아이를 존중하는 것이라 생각된다. 학교든

집이든 매는 퇴출되어야 하는 것이지만 자녀 양육 강의나 세미나를 해 보면 매에 대한 말 못할 고민을 많이 하고 있다는 것을 알 수 있다.

매를 안 드는 것이 최선인 것은 알겠으나 꿈같은 이상에 지나지 않는 것처럼 느껴진다. 매를 들고 나면 자책에 시달린다. 강한 아이를 키우거나(매를 부르는 아이 같다), 아이들이 말을 안 듣거나(내가 잘못 키웠나), 부모가 시간적으로 심적으로 여유가 없는 경우(내가 뭐 하러 이 짓을 하고 있나)에 더욱 고민스럽다.

더욱이 코로나 때문에 집에 24시간 아이들과 같이 있는 경우라면 스트레스가 머리끝까지 올라오게 된다. 나도 아이를 때린다면 손으로 때리지 말고, 머리는 때리지 말라는 조언을 받은 적이 있었는데 차라리 이 조언이 더 현실적이라는 생각이 들기도 했었다.

또 어떤 부모는 매를 잘 사용하면 더욱 교육적이라고 생각하기도 한다. 잘못된 행동에 대한 적절한 처벌이 주어지면 아이는 자책에서 해방되고 부모와의 관계가 더 매끄러워진다는 것이다.

안 때려야 하는 것을 알지만 어려운 경우, 교육적으로 매를 사용하자고 부부가 합의한 경우라면 다음과 같은 절차를 거치기를 바란다.

---

1) 어떤 상황에서 얼마나 매를 들 것인지 미리 협의해야 한다.
2) 그 상황이 발생하면 협의에 따라 매를 든다. 절대 수위를 넘지 않는다.
3) 매를 들고 나면 왜 매를 들었는지 설명해 준다.
4) 서로 안아 준다.

이성을 잃고 폭력적으로 아이를 때리는 것이 최악이다. 우리가 스스로 통제할 수 없는 사람임을 인정하자. 가족 구성원이 보호 장치가 되도록 미리 말려 달라고 부탁해 두는 것이 좋다. 배우자보다 아이의 말이 더 효과적이다. 또 매가 제어되지 않고 학대 수준이라면 배우자나 가족 구성원이 아이를 데리고 그 자리를 피해야 한다.

매는 적어도 10살 이전에는 끝내야 한다. 사춘기에 접어든 아이에게 매를 들면 관계를 망가뜨릴 수 있다. 세상에서 가장 많이 팔린 책인 성경에도 자녀 양육에 관한 구절이 있다. 아이에게 매를 아끼지 말라는 이야기도 있고, 아이를 노엽게 하지 말라는 이야기도 있다. 사실 이 이야기는 지혜롭게 풀어야 할 같은 선상에 있다. 부모는 강자이고 아이는 약자이다. 아이를 때리면서 "너를 위한 거야.", "네가 맞을 짓을 한 거야.", "맞아도 싸다."라고 하게 되면 아이는 더 이상 분별할 힘을 잃고, 그저 이 상황이 두렵고 무서워서 불안하고 긴장하게 된다. 세상에 맞아도 싼 사람이 어디 있단 말인가.

◇◇◇◇◇◇

[훈련 5] 연령별 훈육 3단계

훈육은 연령별 3단계로 구분할 수 있다. 1단계는 아이를 돌보며 권위가 인정되는 시기(1-7세), 2단계는 함께 애쓰면서 인격의 방향성을 잡아 가는 시기(7-14세), 3단계는 아이에게서 물러나는 시기(14세 이상)이다.

1단계(1-7세)는 아이를 돌보며 부모의 권위가 인정되는 시기이다. 이 시기에는 기본적으로 아이를 잘 먹이고 입히고 재우며 돌봐야 한다. 아이의 자율성과 주도성이 커 가는 것을 인정하되(미운 3살, 죽이고 싶은 7살이라는 말이 나온 이유가 있다), 안전과 비롯된 상황에서 부모의 'No'가 받아들여져야 한다. 아이가 찻길로 뛰어나갈 때 부모가 "안 돼!" 하면 멈춰 설 수 있어야 하는 것이다.

2단계(7-14세)는 함께 애쓰면서 인격의 방향성을 잡아 가는 시기이다. 인격의 기본은 초등학생 때 거의 다져지는데 부모와 아이가 함께 애써야 한다. 절대 쉽게 이루어지지 않는다. 방향성을 잡아 가는 시기여서 아이들은 각자 이슈를 가지고 있다.

예를 들어 남을 공격하기 쉬운 아이는 공격성을 줄이고 상대를 이해하는 마음을 가지기, 사람을 좋아해서 자신의 것을 퍼 주는 아이는 호구가 아니라 좋은 기버가 되기, 느리고 뒹굴뒹굴하기를 좋아하는 아이는 여유롭지만 게으르지는 않게 시간 관리를 잘하기 등이다. 가지고 태어난 것을 존중하되 방향성을 잡아 주자.

초등학교 학부모 연수에서 한 엄마가 질문했다.

"5학년 남자아이를 키우고 있습니다. 아이는 시작은 잘 하지만 끝을 잘 맺지 못합니다. 아이는 자기가 원하는 것을 사 주면 공부를 하겠다고 우기고, 저는 공부를 하면 원하는 것을 사 주겠다고 하고 있습니다. 아이는 자기를 왜 못 믿느냐며 불만입니다. 어떻게 하면 좋을까요?"

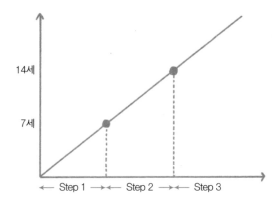

훈육의 연령별 단계

1단계 : 아이를 돌보며 권위가 인정되는 시기(1-7세)
2단계 : 함께 애쓰면서 인격의 방향성을 잡아 가는 시기(7-14세)
3단계 : 아이에게서 물러나는 시기(14세 이상)

나는 이렇게 대답했다.

"초등학교 시기는 인격의 방향성을 잡아 가는 시기입니다. 아이마다 성장 이슈가 있어요. 이 아이의 경우는 꾸준함이 이슈인 것 같네요. 아이가 왜 나를 못 믿느냐고 했다면 이번에 믿어 주시되 원하는 것을 사 주시기 전에 이렇게 대화해 보세요. '기철아, 어떤 일을 꾸준히 하는 것은 중요해. 끝맺음을 잘하지 않으면 어떤 일이 발생할까? 아마 너를 믿지 못하거나 일을 맡기지 않겠지. 너를 믿어 볼게. 네가 원하는 것을 사 주마. 그럼 너는 어떻게 할래?(엄마와 아이가 서로 알 수 있는 구체적인 약속을 정합니다) 그 약속이 안 지켜진다면 다음에는 엄마의 제안대로 하자'(약속이 지켜지면 칭찬해 주세요) 아이는 미성숙하고 성장하는 과정에 있습니다. 아이가 못 미더워도 시행착오 할 기회를 주고 믿어 주어야 합니다. 꾸준함을 아이 인생의 과제로 삼고 함께 해결해 보세요. 100% 기대하지는 마시고요. 70%만 해도 훌륭한 것이니 인정해 주세요."

신뢰할 수 있으면 자유가 늘어나고, 신뢰가 깨어지면 자유가 줄어든다. 이 과정을 계속 반복해야 하고 말이 아니라 행동으로 보여 주어야 한다.

3단계(14세 이상)는 아이에게서 물러나는 시기이다. 이 시기의 부모는 잘 물러나는 연습을 해야 한다. 물러나지 못하는 것은 아이를 믿지 못하기에 불안하기 때문이다. 아이가 내 눈앞에서 보이지 않는데 믿을 수 있는가? 아이가 자신을 소중히 여기고, 할 일을 적절히(완벽하게가 아니다) 잘하고, 친구 관계를 잘하고, 돈을 잘 사용한다고 믿는다면 떠나보낼 준비가 된 것이다.

부모와 재잘재잘 이야기하던 아이도 이 시기에 접어들면서 건성으로 "네~ 네~" 대답만 하고 방으로 들어가 버리는 경우가 많다(보통 4-5학년 때부터 살살 시작된다). 부모는 '내가 뭘 잘못했나?' 하는 생각이 들기도 하겠지만 어느 정도 당연하게 받아들이는 것이 좋다.

아이 머릿속에는 치킨, 방탄소년단, 걸그룹, 이성 친구들이 가득 차 있기 때문에 부모와 이야기 할 채널이 많이 좁아져 있음을 인정하자. '이리 와서 이야기하자'라는 태도보다 아이가 관심을 가지는 영역에 부모도 관심을 가지는 것이 더 낫다. 아이가 좋아하는 영화나 동영상을 같이 보고, 가능하면 게임도 하면서 말이다. 이제 아이의 인생에서 한 발 물러서야 할 때인 것이다.

이 시기를 대비해 부모는 미리 가정의 범위를 1, 2, 3차로 넓혀 두어야 한다. 1차 가정이 집이라면, 2차 가정은 이모와 삼촌 정도의 관계를 맺을 수 있는 가정, 3차 가정은 교회나 학원 등 사회적인 관계를 할 수 있으나 좋은 성인이 있는 공동체를 뜻한다. 아이의 행동반경이 점차 넓어지기 때문에 안전하게 지낼 수 있는 관계망이 필요한 것이다.

아이가 클수록 아이와 존재 대 존재로 관계 맺음에 더 집중해야 한다. 사춘기에 접어든 아이와는 사랑하는 관계 외에는 다 사소하게 생각해 보자. "요즘 마음이 어때?"라고 질문해 보자. 아이와 좋은 관계를 맺고 함께 걸어가는 것이 부모로서 가장 행복한 길일 것이다.

70% 정도 잘할 수 있으면 30%는 점차 더 훈련하면 된다. 어떤 훈련이든 사람은 불완전한 존재라는 것을 염두에 두고 여지를 남겨 두는 것이 좋다. 지나치게 완벽하라고 밀어붙이면 안 된다.

나는 성인이 된 지금도 설거지를 할 때 그릇 하나, 수저 몇 개를 남겨 놓는 습관이 있다. 한 번은 왜 이럴까 생각해 보았는데, 완벽하게 해야 한다는 내면의 메시지에 이런 식으로 내가 저항하는 것 같았다. 지금도 완벽하게 해내야 한다는 완벽주의적 메시지가 내 안에 있고, '괜찮아. 그럴 필요 없어. 지금 나도 만족스러운 걸. 잘 살아왔어'라고 의식적으로 되뇐다.

부모로서는 중요한 것을 가르치기 위해 훈련하지만, 아이가 미성숙하고 어리다는 점을 같이 생각해야 한다. 미성숙은 사용해 보아야 성숙해진다. '나는 저 나이 때 어땠나?', '나는 말하는 만큼 잘하나?' 하면서 말하는 자신도 돌아봐야 한다. 그러면 참 훌륭하다, 애쓰고 있다, 잘 자란다는 말을 진심으로 할 수 있다.

정은진 소장의 따뜻한 권유

/ self-control /

만족을 지연시켜 더 좋은 것을 얻는 아이로 키우려면?

---

1. 효과적인 양육 기술(의사소통 / 논리적 결과 / 자연적 결과 / 보상 / 무시)을 아래의 경우 어떻게 사용하면 좋을까요? 몇 가지를 같이 사용해도 좋습니다. 함께 토의해 봅시다.

   1) 3살 아이가 엄마가 부르는데 다른 쪽으로 달려간다. (   )
   2) 12살 아이가 학교에서 최선을 다하지 않아서 본래의 능력보다 낮은 성적을 받았다. (   )
   3) 10살 아이가 신발주머니 가져가는 것을 자꾸 잊어버린다. (   )
   4) 7살 아이가 식탁에서 계속 좋지 않은 태도로 식사를 한다. (   )
   5) 사춘기에 접어든 아이가 이따금 귀가 시간에 늦는다. (   )
   6) 5살 된 아이가 화가 나면 공격적이 되고 다른 친구들을 때리곤 한다. (   )
   7) 6살 아이가 안 되는 줄을 알면서도 번화한 거리로 자전거를 타고 나간다. (   )
   8) 11살 아이가 방안에 옷을 던져 놓거나 더러워진 옷을 빨래 통에 집어넣지 않는다. (   )
   9) 8살 아이가 오빠를 곤란하게 하려고 오빠의 비밀을 누설하곤 한다. (   )
   10) 11살 아이가 10살 동생을 자꾸 비난하며 놀린다. (   )

- 비난이나 손해를 피할 것인가? vs 내면의 소리를 들을 것인가?
- 생각하기를 포기하지 않기
- 갈등과 회의, 영적 성장의 시작
- 지속적인 영적 여정을 기대하며

PART 9

내면과 외면이
다르지 않은 아이

도 덕 성 과 영 성 을 중 심 으 로

얼마 전 중고 물품 거래 일을 하는 후배와 대화를 나누게 되었다. 이 세계에 진입해 보니 고객을 속이는 사람들이 생각보다 많다고 했다. 속이지 않고 고객을 대하고자 하면 함께 일하는 사람들로부터 '세상을 모르고 하는 소리', '좀 더 현장에서 굴러 봐라'라는 충고를 듣는단다.

그러나 후배는 자신에게 정직하지 못하면 고객을 자신 있게 대할 수 없다며 그런 말들을 반박한다고 했다. 믿는 것과 행동이 다르다면 나답지 않게 사는 것임을 알고 있었다. 그가 이 영역에서 우수하게 살 아남아서 장기적으로 더 많은 고객을 확보하지 않을까 하는 생각이 들었다. 당장 손해를 보더라도 소신을 지키겠다는 그의 도덕성은 어디서부터 왔는지 궁금했다.

이 장에서는 도덕성과 영성을 중심 주제로 다루고자 한다. 그러다보니 개인적인 신앙의 갈등과 성장의 여정을 쓸 수밖에 없었다. 나의 이야기가 많이 담겨 있기도 하다. 독자들의 양해를 구한다.

◇◇◇◇◇◇

비난이나 손해를 피할 것인가? vs 내면의 소리를 들을 것인가?

도덕성은 옳다고 생각되는 행동을 하는 것이다. 도덕성이 발달하면 보상을 얻거나 처벌을 피하기 위해 행동하기보다 자신 속에 내면화된 도덕적 원리를 따라 행동하게 된다. 내면화(internalization)는 도덕성 발달에서 가장 결정적인 부분이다.

아이들은 부모의 목소리, 존경하는 사람의 삶의 메시지, 책의 메시지를 내면화하는데, 처음엔 거의 의심 없이 받아들이게 된다. 그러다가 성인이 되면서 어렸을 때 받아들였던 기준이 옳은지, 혹은 세뇌된 것인지 자신의 기준으로 다시 한번 회의와 갈등을 거치면서 보다 깊이 내면화하게 된다.

사실 나이가 든다고 해서 모두 상위 단계로 발달하는 것은 아니다. 몸은 어른이지만 도덕성 발달은 아이 수준에 머무르는 사람도 많다. 그래서 사람들은 흑과 백 논리에 열광하며, 선거가 다가올수록 진지한 토론보다 '누구 편이냐', '누가 나쁜 놈이냐', '이러다 다 죽는다'와 같은 원색적인 용어가 실제로 작동하고 있다.

아동의 도덕성 발달을 연구한 콜버그(Lawrence Kohlberg)의 실험을 소개하고 싶다. 이 실험은 참 흥미로운데, 그는 10세, 13세, 16세 아이들에게 도덕적인 딜레마 상황을 해결해 보게 하고, 왜 그렇게 생각했는지 심층 인터뷰를 함으로써 도덕성 발달 단계를 6단계로 정교화 하였다. 그가 제시한 상황은 다음과 같다. 그 딜레마 속으로 들어가 보자.

"유럽에 사는 한 여성이 특별한 암으로 죽어가고 있었습니다. 그녀를 살릴 수 있는 약은 하나뿐인데, 같은 마을에 살고 있는 한 약사가 최근에 만들었습니다. 약사는 그 약을 만드는데 많은 비용이 들었으므로, 비싸게 약을 팔고 있었습니다. 그녀의 남편 하인즈는 모든 노력을 기울였으나 안타깝게도 약값의 절반밖에 없었습니다. 그는 약사에게 찾아가 아내가 죽어 가고 있으니 그 약을 싸게 팔든지, 아니면 나중에 갚겠다고 요청했습니다. 그러나 약사는 단번에 거절했습니다. 절망에 빠진

하인즈는 고민 끝에 부인을 위하여 약을 훔쳤습니다. 하인즈의 행동을 어떻게 생각하나요?"

이 질문에 쉽게 대답하기는 힘들 것이다. 어린아이라면 물건을 훔치는 일은 잘못이라고 대답할지도 모른다. 어른들은 아내를 살리려면 도둑질이라도 해야 한다고 할 수 있고, 도둑질을 해서 아내는 살려야 하지만 죄를 지었으니 처벌받아야 한다는 의견을 가질 수도 있을 것이다.

단순한 상황이 아니기에 생명을 구하는 것이 중요한지, 법을 지키는 것이 중요한지 고민의 지점이 생길 수밖에 없다.

콜버그는 도덕성 발달을 6단계로 설명했다. 그는 낮은 도덕성 발달 수준에서는 처벌을 피하거나 보상을 얻기 위한 결정을 하지만, 점차 단계가 올라갈수록 좋은 관계를 유지하고 착한 이미지를 가지는 단계, 사회 질서 유지와 양심을 보존하기 위한 단계, 법과 질서가 무조건 옳은 것이 아니며 합의에 의해 바뀔 수 있다고 생각하는 단계를 거쳐 스스로 선택한 양심적인 행위를 하는 단계까지 이른다고 설명한다.

콜버그의 딜레마는 안식일에 오른손이 오그라든 사람을 고친 예수의 이야기를 떠올리게 한다. 종교 지도자들은 예수를 고발할 구실을 찾으려고 안식일에 그가 병을 고치는가 엿보고 있었다. 안식일에는 어떤 일도 하지 않는 것이 그들의 관습이었다. 예수는 그들의 생각을 알면서도 "일어나서 사람들 앞으로 나오라!"고 병자를 불러낸다.

몰래 불러서 고쳐도 될 텐데 왜 굳이 일어나서 사람들 앞으로 나오라고 요구한 것일까. 예수는 사람들에게 이렇게 질문한다.

"안식일에 선한 일을 행하는 것이 옳으냐, 아니면 악한 일을 하는

콜버그의 도덕성 발달 6단계

1단계	벌과 복종 지향(avoiding punishment)
2단계	개인적 보상 지향(aiming at a reward)
3단계	대인관계 조화 지향(good boy & good girl attitude)
4단계	법과 질서 지향(loyalty to law and order)
5단계	사회 계약정신 지향(justice and the spirit of the law)
6단계	보편적 도덕원리 지향(universal principles of ethics)

것이 옳으냐? 사람을 살리는 것이 옳으냐, 아니면 사람을 죽이는 것이
옳으냐?"

그러고는 병자를 고쳤고, 종교 지도자들은 몹시 화가 나서 예수를
죽이고 싶어 어떻게 할까 의논했다.

예수는 가장 높은 단계의 도덕성을 가졌으므로 병자를 사람들 앞에
세우고서 더 높은 기준이 있다는 것을, 진정한 자유를 선포했다. 사람
들은 무슨 말인지 이해하지 못했을 뿐만 아니라 자신들의 체제를 흔드
는 위험한 인물로 예수를 인식했다. 불안하고 두려우니 명분을 만들어
얼른 죽여야 하는 것이다.

사람들은 대부분 자신보다 높은 단계에 있는 사람을 알아보고 존경
하기보다는 이해하지 못하기에 불안하게 느낀다. 그래서 훌륭한 사람
은 사후에 재평가 받는 것이 아닐까.

생각하기를 포기하지 않기

우리 가정은 30대 초반에 북아프리카 모로코에 선교사로 떠났다. 이슬람 국가였기 때문에 우리의 신분은 목사나 선교사가 아닌 사업가여야 했다. 사무실도 구하고 사업을 시작했지만, 현지인들과 관계를 맺고 대화가 깊어지면 고민도 함께 깊어졌다. 왜냐하면 사업은 정체성 획득을 위한 것이었을 뿐 실제로 사업에 목적을 두지는 않았기 때문이다. 미혼모와 고아들을 돕고, 한국인들을 위한 모로코 아랍어-한국어 회화책도 만들었지만 이 고민은 계속되었다.

거짓말에도 하얀 거짓말과 검은 거짓말이 있다고 하는데, 나는 하얀 거짓말을 하고 있나? 성경은 거짓말이 나쁘다고 하지 않았나? 나의 상황은 어떻게 이해하고 받아들여야 할지 고민이었다. 성경에서 거짓말을 한 사람은 누군가? 질문이 꼬리에 꼬리를 물었다.

기생 라합의 이야기를 생각했다. 그녀는 이스라엘 정탐꾼을 살려보내기 위해 정탐꾼을 쫓는 군사들에게 저쪽으로 도망갔다며 거짓말을 했다. 이스라엘이 여리고 성을 함락시킬 때 유일하게 살아남은 가정은 라합의 가정뿐이었다.

그럼 하나님도 그녀의 거짓말을 기뻐하셨다고 이해해야 할까. 더 큰 목적을 위해 방법은 눈 감아도 되는지 그 경계는 어디까지인지 생각하면서 쉰들러(Oscar Schindler)의 이야기를 영화화한 〈쉰들러 리스트〉

를 떠올리기도 했다. 그 영화는 엔딩 장면이 올라가는데도 자리에서 일어나기 힘들 정도로 감동을 받았었다.

2차 세계 대전 당시 군수 공장을 운영했던 쉰들러는 나치당으로부터 유대인 노동자를 공급받기 시작했다. 수용소에 수감된 유대인들을 차출해 공장으로 데려온 것이다. 소련군의 진군으로 수용소가 해체되자, 많은 유대인이 아우슈비츠로 이송되기 시작했다.

쉰들러는 고향에 군수 공장을 세운 다음 이들을 이곳으로 빼돌리는 식으로 1,200명 이상을 구해 낸 뒤, 모든 재산을 이들을 보호하는 데 사용했다. 예루살렘의 그의 묘비에는 '박해받았던 1,200명 유대인들의 잊을 수 없는 생명의 은인'이라고 새겨져 있다.

직장에서도 그런 일이 있었다. 월급이 적으니 수당을 받기 위해 야근을 하지 않아도 야근을 한 것처럼 서류를 만들자는 상사의 제안에 흔들렸다. 석사를 마치고 받는 월급이 이것밖에 안 되나 하는 불만이 있을 때였다. 투자한 과정에 비해 월급이 불공평하다고 생각했고, 또 대부분 야근을 하는 상황이라 동조했지만 마음 한구석에는 부끄러움이 있었다.

기업에서 일하는 분들은 고민이 더하지 않겠는가. 도덕성에 타격이 오는 일이 주어지지만, 또 가족의 생계를 위해 거절할 수 없는 구조 속에 이미 있는 것이다. 최악의 상황을 만들지 않기 위해 차악을 선택해야 한다. "그만두고 나오면 되지!" 라는 말을 쉽게 해서는 안 된다. 회색지대에 살아가는 사람들, 이렇게 일터에서 부딪치는 이들에게 위로와 격려를 하고 싶다.

이야기도 나누고 조언도 얻고 싶다며 나를 찾아온 분이 있었다. 연봉이나 근무 조건이 나쁘지 않은 회사에 합격했고, 결혼을 앞두고 있어서 회사 근처로 집도 계약했다고 한다. 모든 것이 잘 풀리나 생각했는데, 출근 후 얼마 지나지 않아 거짓 서류를 작성해야 하는 일을 하게 되었단다. 서류를 작성하는데 손이 너무 떨려서 쓸 수 없었단다. 그 다음날, 또 그 다음날도 마찬가지였다. 이건 아니구나 싶어서 상사에게 말하자 그럼 나가라고 하더란다. 결국 직장을 그만두었고, 전세 계약금도 날렸다. 이후 창업을 해서 작게나마 사업을 이끌어 가고 있었다.

결코 쉽지 않은 결정이었으리라. 갈등 상황 안에서 버티든지 밖으로 나오는 결정을 하든지 간에 생각하기, 즉 성찰을 잃지 않아야 한다. 성찰을 잃어버리는 순간 함몰된다. 바벨론에 포로로 끌려가 결국 그 나라의 총리가 되었던 성경 속 인물 다니엘도 그렇지 않았을까. 창씨개명을 했고, 바벨론의 교육을 받으며 그 문화 속에 살아갈 수밖에 없었지만 하루 세 번의 기도로 성찰을 잃어버리지 않았을 것이다.

도덕 손상(moral injury)이라는 용어가 있다. 참전했던 군인들을 오래 진료해 온 미국의 정신과 의사 조나단 쉐이(Jonathan Shay)는 군인들이 명령에 의해 자신의 도덕을 배반하는 일로 인해 심리적, 사회적, 영적 손상을 받는다고 하면서, 이 현상을 '도덕 손상'이라고 이름 붙였다.

사실 전쟁터뿐 아니라 사회 곳곳에서 부당한 압력, 강요로 인한 도덕적 분노가 일어나고 있다. 겉으로 보면 적응 장애나 소진, 우울증처럼 보이지만 본질적으로 도덕 손상의 영향이라는 주장이 제기된다.

도덕성을 상실하는 것은 자존감에 해로운 영향을 끼친다. 당연하지 않을까. 내가 옳다고 생각해 온 것, 내가 말해 온 중요한 가치들과 충돌하는 행동을 한다면 나를 배신하는 것이다. 다른 사람은 몰라도 나는 알고, 내 자신에게 떳떳할 수 없다.

나는 30, 40대를 위한 소그룹 커리어 코칭 〈진로와소명학교〉를 8년간 33기째 진행해 오고 있다. 서너 명과 함께 10시간 동안 진행하는 집중적인 시간이라 그동안 살아왔던 이야기들을 깊이 있게 들을 수 있다.

그중 계약을 맺기 위해 술자리에서 접대하는 일을 주로 하는 분이 계셨다. 본인의 일을 생각하면 마음이 불편한 일들이 많아서 일부러 생각을 깊이 하지 않으려고 하신다고 했다. '이 일을 안 하면 가정은 어떻게 먹여살리냐'고 여러 번 말씀하셨지만 어딘가 불안해 보였다.

아니나 다를까 소명학교 이후 불면증이 시작되었다는 연락을 받았다. 어떤 분은 소명학교에서 고민이 정리되면서 불면증이 없어지는데. 이 분은 직면하고 싶지 않아 꾹꾹 눌러두었던 생각들이 살아나기 시작한 것이다. 몇 주가 지난 늦은 밤에 전화가 걸려 왔다. "소장님, 제가 도저히 참을 수 없어서 술자리를 뛰쳐나왔습니다. 너무 당황스러워서 죄송하지만 이렇게 전화 드렸어요." 내면의 목소리를 듣기 시작한 것이다. 놀라셨겠지만 일단 잘하셨다고 격려해 드렸다.

사람들은 괴로우니 양심을 마비시키거나, 때로는 생각을 멈추고 지시에 순응하면서 합리화하며 살아간다. 자기 사고에 갇혀 더 이상 비판

생각하기를 포기해서는 안 된다. 생각한다는 것은 때로 피곤한 일이지만,
생각이 진행되면 인식이 바뀌고 행동이 바뀌는데,
행동을 바꾼다는 것은 반드시 용기가 필요하다.

을 포기하는 것이다. 생각이 현실과 만나지 않는다. 사실 이러한 모습은 나를 포함해 우리 모두에게 있다. 생각한다는 것은 때로 피곤한 일이지만, 생각이 진행되면 인식이 바뀌고 행동이 바뀌는데, 행동을 바꾼다는 것은 반드시 용기가 필요하다.

아이들의 학교생활도 단순하지 않다. 아이들이 유치원이나 학교에서 일어난 일들을 가지고 올 때 '그건 맞는 일이야', '그건 틀린 일이야' 같은 선악 구도로 바로 설명하기보다 상황을 충분히 들어 보고 이야기를 이어가는 것이 좋을 것이다.

왕따가 대표적인 예이다. 왕따 당하는 아이에게 함께 해 주고 도와주어야 하지만 아이들은 이 선택을 하기 힘들어 방관자로 지켜보는 쪽을 선택한다. 아이들에게 다가오는 도덕적인 큰 이슈이다.

청소년 인성 프로그램을 개발하면서 왕따 상황과 선한 사마리아인의 비유(강도를 만난 사람을 누가 도울 것인가)를 묶어서 다룬 적이 있다. 이런 상황에서 어떤 선택을 할 것인가에 대한 이유를 서로 나누고 투표하는 과정에서 90% 이상 아이들이 방관자 역할을 선택하였다.

이유는 여러 가지였다. 왕따를 주도하는 그룹에 대한 두려움도 있었지만, 왕따 당하는 아이가 그럴 만한 이유가 있다는 답변이었다. 가령 왕따 당하는 아이들이 관계를 잘 못 맺거나 청결 상태가 안 좋아서 그렇다는 것이다. '그 아이 잘못이야'라고 정리하고 생각을 그치면 마음이 편해질 수 있다. 안 보고 안 들으면 그만인 것이다.

이 주제를 아이와 좀 더 끌고 가 보자. 왕따를 당하는 아이가 관계를 잘 못 맺는 아이라면 어떻게 도와줄지 조그만 방안이라도 생각해 보고, 청결의 이유라면 선생님과 연계해 아이의 가정생활을 알아보고 도와줄 방안을 찾을 수도 있다. 나도 진짜 어렵다는 것을 알고 있다. 생각에서 행동으로 넘어가면 내 삶이 방해받고 흔들리니까 말이다. 그럼에도 불구하고 생각하기를 멈추지 않는 사람이 많아져야 우리 아이들이 함께 살아갈 사회가 지금보다 살기 좋은 곳이 되지 않을까 생각한다.

◇◇◇◇◇◇

갈등과 회의, 영적 성장의 시작

모태 신앙으로 교회에서 자란 나의 신앙에 대한 고민이 깊어지며 방황할 때 제임스 파울러(James w. Fowler)의 '신앙 발달 이론'을 만났다. 왜 이제까지 이런 신앙 발달 단계에 대해 한 번도 들어보지 못했는지 의문이었고 안타까웠다.

지금까지 믿어 온 것들이 흔들릴 때, 그 갈등과 회의에 대해 비난하지 않고 함께 논의할 수 있는 작은 공동체가 필요하다고 생각한다. 또한 아이들의 신앙을 어떻게 지도할지 방향을 찾아갈 때에도 이 발달 단계를 적용해 보면 좋겠다. 파울러는 신앙의 발달 단계를 6단계로 나누었다.

1단계(유아기) 아이는 누가 착한 편이고 누가 나쁜 편인지, 사랑과

파울러의 신앙 발달 6단계

0단계 (0-4세)	미분화된 신앙(undifferentiated faith)
1단계 (유아기)	직관적-투사적 신앙(intuitive-projective faith)
2단계 (초등시기)	신화적-문자적 신앙(mythic-literal faith)
3단계 (청소년기)	종합적-관습적 신앙(synthetic-conventional faith)
4단계 (청년기)	개인적-반성적 신앙(individuative-reflective faith)
5단계 (30대 중반 이후)	접속적 신앙(conjunctive faith)
6단계	보편적 신앙(universal faith)

미움, 선함과 악함 같이 세상이 이분법적으로 나뉘는 느낌을 받는다.

2단계(초등시기)는 자신이 속한 집단이 무엇을 믿는지가 중요하며, 신앙을 문자적으로 해석한다.

3단계(청소년기)는 내가 누구인지 질문을 시작하지만 집단에 여전히 의존적이다.

4단계(청년기)는 집단에 의지했던 신앙에서 자주적인 신앙을 가지려는 노력이 나타난다. 이때 갈등과 고민을 자신이 속한 곳에서 나누지 못하고 일방적인 교육만을 받을 경우 다시 3단계에 머물거나 아니면 집단을 떠나게 될 수 있다.

5단계(30대 중반 이후)에서는 삶의 갈등과 역설들이 포용되기 시작하며, 신앙적 입장에 대해 분명하고, 다른 입장과 대화하는 문을 열어 놓을 수 있다.

6단계는 극히 발견하기 어려운 단계이며 영원에 대한 감각을 느낀다. 나이가 들어가는 시기로 단계를 나누지만 나이 든다고 자연스럽게 단계가 올라가는 것은 아니다.

아이가 "하나님이 없는 것 같아.", 혹은 "교회에 안 가면 안 돼?"라고 물을 때 신앙에서 떠나는 것이 아니라 '믿음이 성장하는구나'라고 생각하자. 갈등하고 회의하는 신앙은 믿음이 없는 것이 아니라 상위 단계로 성장하려는 시도라고 이해해야 한다.

부모는 자신들의 신앙이 무리 없이 아이에게 전수되기를 기대하지만, 아이에게는 자신의 길, 자신의 결정이 필요하다. 그래야 진짜이다. 아이들을 믿자. 참 진리는 힘이 있고, 참된 길을 구하는 아이들은 그 진리를 만나게 될 것이다. 외부의 압력이나 조종에 의해 내리게 된 결정은 결국 한계를 만나게 된다.

◇◇◇◇◇◇

지속적인 영적 여정을 기대하며

기독교 가정에서 자란 나는 20대에 내가 믿는 것이 진짜인지 의심하기 시작했다. 내 삶을 통해 만난 하나님에 대한 고민, 교회에서 배운 모든 것이 의심스러웠다. 고민이 꼬리에 꼬리를 물었고, 이러다가는 벌 받을지도 모른다는 두려움도 함께 몰려왔다. 판도라의 상자를 여는 기분이랄까. 결국 질문들을 내면 깊이 감추고 돌아보지 않으려 했다.

40대에 접어들어 다시 고민이 시작되었다. 이번엔 이 질문들에서 도망치고 싶지 않았다. 더 이상 숨는 것은 진정한 나 자신에 대한 외면이었고, 그런 신앙생활은 더 이상 의미가 없었다.

이 고민이 시작될 무렵 남편은 가정 교회 개척을 하겠다며 파주에서 작은 공동체를 시작했고, 모인 사람들은 나를 사모의 역할에 가두지 않았다. '사모가 왜 저래? 사모라면 이래야지'라는 당위가 많았다면 마음의 병에 걸렸을 것이다. 감사하게도 이 공동체의 한 일원으로 받아들여졌고, 주일 오후 이루어진 독서 모임에서 진솔한 삶의 나눔, 책에 대한 비판적 발언이 이어졌다. 일명 '책 모두 까기' 시간이었다.

믿음의 명문 가정이라는 말이 책에 나오면 이 말에 대한 반론과 성찰들이 마구 오고 갔다. 당시 나는 성경을 비판적 눈으로 보았고(사실 별로 읽고 싶지도 않았다), 남편이 이스라엘 역사에 관해 설교하면, 우리나라 근대사도 모르는데 남의 나라 역사를 다룰 필요가 있냐는 날 선 이야기를 하기도 했다.

남편에게 고마운 것은 나의 방황을 비난하지 않았다는 점이다. 필요한 과정이려니 생각한다고 말해 주었다. 남편의 삶이 내게 이중적이지 않아서 너무 감사했다. 그것과는 별개로 고민은 더 깊어졌다. 『침묵』의 저자 엔도 슈사쿠(Endo Shusaku, えんどうしゅうさく)도 어머니가 기독교인이었고, 자연스럽게 그 신앙을 받아들였으며 굳이 그 신앙을 버릴 필요도 없다고 말한 것으로 기억한다. 기독교 신앙은 그의 고향이

었던 것이다. 만일 나의 고향이 기독교가 아니라 이슬람이거나 불교였다면 어땠을까. 이토록 자연스럽게 하나님을 믿을 수 있었을까.

교회를 개척한 지 5년이 지났고, 우리 가족은 안식월로 싱가포르와 말레이시아에 한 달간 머물렀다. 그곳에서 이 고민은 극에 달했다. 우리 숙소에서 내다보면 교회와 절, 힌두교 사원이 한 골목에 있었다. 그 골목을 바라보며 '하나님 나를 좀 잡아 주세요'라는 탄식과 '아니야, 이미 시작한 고민인데 끝을 내야지' 하는 두 마음이 공존했다. 여행이 끝날 무렵 남편과 말레이시아의 한 카페에서 라떼를 마시고 있을 때였다.

"여보, 당신 고민을 하나님 안에서 풀어 보면 어때?"

"응?"

"모든 것을 의심하고 해체하기보다 성경을 읽으면서 기도하며 해결해 보면 어떨까 싶어"

남편이 어렵게 입을 뗐다. 몇 년에 걸친 나의 고민을 묵묵히 지켜본 그의 말이기에 나도 조용히 고개를 끄덕이게 되었다. 그 시간 동안 그도 역시 쉽지 않았을 것이다.

"나도 종지부를 찍었으면 좋겠는데, 쉽지 않네. 노력해 볼게."

그러나 한국에서 다시 일상으로 돌아왔고 연구소 일 때문에 밤낮으로 바빴다. 내가 없는 빈자리와 육아로 지쳐하는 남편이 눈에 들어오지 않았고, 남편의 힘들다는 말은 투정으로 여겨졌다. 아이들도 엄마를 그리워했지만 '먹고 살아야 하니까' 하면서 직진했다. 설 연휴가 시작되던

날 밤 조심스럽게 남편이 속마음을 꺼냈다.

"여보, 점점 무기력해지는 것 같아. 의욕이 생기질 않아."

"나는 뭐 괜찮은 줄 알아? 나도 너무 힘들어."

우리 부부는 각자 일하느라, 아이들 돌보느라, 지치고 힘들어서 서로 돌아볼 여유도 없었다.

"그럼, 이제 어떻게 하자고?"

"……."

우리의 대화는 이렇게 멈췄고 서먹하게 잠이 들었다.

그날 새벽 남편이 다급하게 외쳤다.

"불이야! 여보! 얘들아! 일어나서 나가야 돼!!"

나는 스마트폰만 쥐고 겨우 신발을 신은 채 아이들과 함께 집 밖으로 뛰쳐나갔다. 굴뚝에서 날린 불똥이 집 옆에 쌓여 있던 낙엽에 붙으면서, 집과 뒷산으로 불꽃이 번지고 있었다. 119에 신고하고 소방차를 기다리면서 활활 타는 집을 쳐다볼 수밖에 없었다.

그 순간 '여호와께서 성을 지키지 아니하시면 파수꾼의 깨어있음이 헛되도다'라는 성경의 말씀이 뒤통수를 때렸다. 아무리 열심히 산다고 해도, 하나님께서 지키지 않으시면 다 소용없었다. 정말 아무것도 아니었다. 암막 커튼을 치고 있어 불난 것을 이처럼 빨리 알 수 없었을 텐데 새벽에 일어난 남편이 커튼을 우연히 열어 보았던 것이다.

소방차가 불을 껐지만 우리 집은 반파되었고, 집안은 연기로 가득 차서 살 수가 없게 되었다. 추운 겨울에 여섯 식구 갈 곳도 마땅치 않았다. 다음날, 아이들 친구 가족이 이사를 가면서 몇 달 후에 챙겨 가려고 남겨 둔 가구와 살림이 그대로 있다는 이야기를 들었다. 연락하자 당분간 들어와 살라고 흔쾌히 말씀하신다. 아이들 초등학교에서 1분 거리였고, 학교 종소리가 들리는 집이었다.

그렇게 우리는 하루 만에 살림이 갖추어져 있는 집을 만날 수 있었다. 상식적으로 말도 안 되는 상황이었다. 그 집으로 간단한 짐을 들고 이사한 날 밤, 잠자리에서 천장을 바라보며 말했다. "하나님이 살아 계시다는 것을 제게 보여 주셨습니다." 맘 깊은 곳에서 기도해야겠다는 생각이 들기 시작했다. 그리고 "네가 무엇이기에 불평하느냐", "과연 네가 나를 아느냐"라고 말씀하시는 하나님을 가까이 만나게 되었다.

너무나 큰일이었으므로 미래에 대한 계획이나 합리적인 계산을 일단 내려놓고 원점에서 다음 결정을 해야겠다는 생각이 들었다. 우리 가정이 필요한 곳이라면 어디로 인도하시든지 가겠다고 기도드렸다. 몇 개월 후 우리 가족은 대구로 삶의 터전을 옮기게 되었다. 당시 중학교 2학년이었던 큰 아이도 모든 상황을 지켜보고는 "이사 가야겠네." 하면서 우리 결정에 동의해 주었다. 전학을 한다는 것이 중2에게 쉽지 않았을 텐데 참 고마웠다.

이 경험을 통해 하나님께서 지키지 않으시면 나의 부지런함과 열심이 아무것도 아니라는 것, 인생이 맘대로 되지 않는다는 것을 뼈저리게 배웠다. 물론 지금도 하나님께 계속 질문하지만, 더 이상 믿음의 뿌리가 흔들리진 않는다. 나의 신앙의 중심은 집단에서 내 안으로 이동하였다.

도덕성과 신앙은 발달 단계가 있으며 처음에는 외부에 무게 중심이 있다가
점차 내면으로 그 초점이 옮겨져 결국 내면화된 기준에 따라 살아간다는 공통점이 있다.

첫아이 홈스쿨링을 시작할 때 큰 영향을 받은 미국의 한 목사님이 계시다. 한국에서 열린 홈스쿨 컨퍼런스의 주 강사셨는데, 나도 그 세미나에서 인생의 흐름과 가정의 역할에 대한 새로운 시야를 얻게 되었었다. 일곱 자녀를 홈스쿨링으로 키우셨고, 첫째 아들은 데이트에 대한 책을 20대에 써 세계적인 저자이자 목사가 되었다.

그런데 작년에 첫째 아들이 SNS를 통해 아내와 이혼하고 신앙을 버리겠다고 공개적으로 선언했다. 그를 아는 모든 사람에게 큰 충격이었다. 나도 놀랐지만 한편 그럴 수 있겠다는 생각을 했다. 그는 부모의 자랑이었지만 그렇기에 더욱 회의와 고민을 거쳐야 하는 개인 신앙의 발달이 힘들었으리라. 사람들에게 보이는 자신과 내면의 자신이 일치하지 못했던 듯하다.

사실 그의 고백이 더 소망적이다. 껍질을 깨 버리고 또 시작할 수 있으니까. 그의 영적 여정을 기대하며 바라보고 싶다. 도덕성과 신앙은 발달 단계가 있으며 처음에는 외부에 무게 중심이 있다가 점차 내면으로 그 초점이 옮겨져 결국 내면화된 기준에 따라 살아간다는 공통점이 있다. 그런 삶이 내외가 통합된 삶이다. 부모인 우리가 먼저 깨어서 성장하자. 비판적으로 사유하자. 때로 답이 없는 것 같은 상황일지라도 아이들과 함께 고민해 보자. 그 과정 자체만으로도 의미가 있다.

내면과 외면이 일치하는 아이로
키우려면?

1. 요즘 도덕적/영적인 딜레마에 부딪친 적이 있나요? 어떤 것이었나요?
   어떻게 하면 생각을 정리하는데 도움을 받을 수 있을까요?

....

....

....

....

....

....

2. 자녀의 도덕성/영성 발달을 어떻게 도울 수 있을까요? 자녀가 요즘 고민
   하는 주제는 무엇인가요?

....

....

....

....

....

....

독서 모임 가이드

 혼자 책을 읽는 것도 좋지만, 같은 내용을 읽고 나누는 독서 모임이 있다면 이야기해 보면서, 다른 이의 생각들을 들으면서 생각이 더 풍성하게 자랄 것이라 생각합니다. 독서 모임을 시작하시려는 분들은 참고하세요.

1

책 한 권을 읽는 경우는 한 달에 1회, 조금 더 깊이 한두 장씩 읽어가는 경우는 1-2주일에 1회 정도가 적당합니다.

2

시간은 2시간 정도가 좋습니다(근황 소개 10-20분 / 나눔 1시간 30분 / 쉬는 시간 10분).

3

첫 모임에서는 자기소개(이름, 아이의 나이, 요즘 좋았던 일 하나, 모임에 참석한 이유)를 간단히 돌아가며 하고, 두 번째 모임부터는 간단히 근황을 나누고 시작합니다(가장 기억에 남는 사건, 그 동안 자녀를 칭찬할 일, 행복했던 일 등).

4

간단한 다과가 있으면 분위기가 더 부드럽습니다.

5

책을 읽으면서 마음에 와 닿은 부분 세 구절에 밑줄을 쳐 오는 것을 과제로 줍니다.

6

만나서는 돌아가면서 그 구절을 서로 나누고, 왜 그 부분이 마음에 와 닿았는지 나눕니다. 세 구절을 한꺼번에 나누지 말고 한 구절씩 돌아가며 나누는 것이 좋습니다. 혹시 반복되는 구절들이 있을지라도, 마음에 와 닿은 이유가 다르기 때문에 되도록 다 나누어 봅니다.

7

나눔에 대한 조언이나 평가가 자꾸 나온다면 리더가 중지시키고 조언과 평가 대신 공감을 하도록 방향을 바꾸어 줍니다. 어떤 이야기를 나누든지 모임은 안전해야 합니다.

8

한두 사람의 이야기가 반복적으로 길어지는 경우, 1인당 나눔 시간을 정하는 것이 좋습니다.

9

오늘 무엇을 느꼈는지, 배웠는지, 앞으로 어떤 행동을 할 것인지(Feel-Learn-Do)나 지속할 것, 새롭게 시작할 것, 그만두어야 할 것(3S, Still-Start-Stop) 등으로 이번 시간을 마무리하며 정리해 보는 것도 좋습니다.

10

다음 모임 시간을 예고하고 마칩니다.

» 참고 도서 «

김주환 지음, 『회복 탄력성』, 위즈덤하우스, 2019.

너새니얼 브랜든 지음, 김세진 옮김, 『자존감의 여섯 기둥』, 교양인, 2015.

데이비드 브룩스 지음, 김희정 옮김, 『인간의 품격』, 부키, 2015.

마이클 거리언 지음, 안진희 옮김, 『소년의 심리학』, 위고, 2013.

마틴 셀리그만 지음, 윤상운/우문식 옮김, 『마틴 셀리그만의 플로리시』, 물푸레, 2011.

미하이 칙센트미하이 지음, 최인수 옮김, 『몰입 flow』, 한울림, 2004.

베티 체이스 지음, 주순희 옮김, 『인격적인 사랑 효과적인 훈육』, 두란노, 1992.

빅터 프랭클 지음, 이시형 옮김, 『죽음의 수용소에서』, 청아출판사, 2005.

손원평 지음, 『아몬드』, 창비, 2017.

스캇 펙 지음, 최미양 옮김, 『아직도 가야 할 길』, 율리시즈, 2011.

애덤 그랜트 지음, 윤태준 옮김, 『기브 앤 테이크』, 생각연구소, 2013.

앤절라 더크워스 지음, 김미정 옮김, 『그릿 GRIT』, 비즈니스북스, 2016.

엔도 슈사쿠 지음, 맹영선 옮김, 『나에게 있어서 하느님은』, 성바오로출판사, 2017.

엘리노어 코렛/낸시 밀러 지음, 한국 MBTI 연구소 옮김, 『성격유형과 중년기 심리』, 어세스타, 2017.

윌리엄 데이먼 지음, 정창우/한혜민 옮김, 『무엇을 위해 살 것인가』, 한국경제신문사, 2012.

정혜신 지음, 『당신이 옳다』, 해냄, 2018.

제임스 팰런 지음, 김미선 옮김, 『괴물의 심연』, 더퀘스트, 2015.

최은정 지음, 『육아 고민? 기질 육아가 답이다!』, 소울하우스, 2019.

톰 켈리/데이비드 켈리 지음, 박종성 옮김, 『유쾌한 크리에이티브』, 청림출판, 2014.

팔라시오 지음, 천미나 옮김, 『아름다운 아이』, 책과콩나무, 2012.

헨리 나우웬 지음, 김성녀 옮김, 『긍휼』, IVP, 2002.

≫ 참고 사이트 ≪

박노권, 「제임스 파울러의 신앙발달이론-종교심리학 8주차 강의록」
http://elearning.kocw.net/contents4/document/lec/2013/Kumoh/Parknokwon/8.pdf
최인철, 「행복 천재들은 좋아하는 것이 많다」, 『중앙일보』, 2019.02.13
https://news.joins.com/article/23365279
홍용덕, 「11만원씩 출자해 매출 1억 '교내 카페'…10대의 협동조합 생활」, 『한겨레』, 2019.11.19
http://www.hani.co.kr/arti/area/capital/917438.html
김현수, 도덕 손상, 페이스북, 2019.06.16
https://www.facebook.com/hyunsoo.kim.1675275/posts/2622452461113007

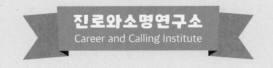

　　10년 전, 두 명이 시작한 진로와소명연구소는 현재 서울과 대구에서 15명의 전문가들의 일터이자 학습 공동체로 성장했다. 세월호 참사를 겪으면서 용기 있게 고유한 자신만의 길을 가고, 진정하게 관계 맺고 연대하는 것의 중요성을 깨닫고 다양한 프로그램 개발 및 진행을 해 왔다. 세상에 실제적인 변화를 일으키는 진정성과 전문성 있는 연구소로 지속해서 성장하고 있다.

　　월드비전 〈꿈꾸는 아이들〉 8년 과정을 개발하여 2만여 아이들이 꿈을 찾아가고 있으며, 청소년을 위한 〈진로프로그램〉, 가정형 Wee센터 학생들을 위한 〈꿈캠프〉 프로그램과 매뉴얼, 중고등부를 위한 인성프로그램 〈Happy Together〉, 3040 아버지들을 위한 〈Life Re:structure〉 워크숍, 부모들을 위한 〈자녀에게 욱하지 않으려면?!〉 워크숍, 가정형 Wee센터 부모와 자녀들을 위한 〈가족회복캠프〉 등을 개발하고 강의, 워크숍, 상담, 코칭, 놀이, 캠프 등의 다양한 영역에서 전국적으로 활동하고 있다.

- ● 홈페이지　www.ccalling.org
- ● 블로그　　https://blog.naver.com/ccalling
- ● 페이스북　https://www.facebook.com/careerandcalling